世界记忆大师教你画思维导图

张维·编著

中国纺织出版社有限公司

内 容 提 要

你一定听说过思维导图，也知道思维导图可以增加创意，加深理解，增强记忆。但是，想到哪画到哪、看到哪画到哪的思维导图肯定没办法起到这些作用，思维导图不仅仅是绘图，更是思维的整理。世界记忆大师、英国官方思维导图授权注册讲师张维，在本书以中学生必背的古诗文为素材，绘制出对应的思维导图，通过用心观摩和体会这些思维导图，读者不仅今后可以通过关键词和图像绘制出有效用的思维导图，还能做到古诗词正背倒背抽背点背，培养图像化思维，实现高效记忆。

图书在版编目（CIP）数据

世界记忆大师教你画思维导图 / 张维编著. —北京：中国纺织出版社有限公司，2020.8

ISBN 978-7-5180-7336-8

Ⅰ.①世… Ⅱ.①张… Ⅲ.①思维方法—青少年读物 Ⅳ.①B804-49

中国版本图书馆CIP数据核字（2020）第071359号

策划编辑：郝珊珊　　责任校对：韩雪丽　　责任印制：储志伟

中国纺织出版社有限公司出版发行

地址：北京市朝阳区百子湾东里A407号楼　邮政编码：100124

销售电话：010—67004422　传真：010—87155801

http：//www.c-textilep.com

中国纺织出版社天猫旗舰店

官方微博http：//weibo.com/2119887771

北京通天印刷有限责任公司印刷　各地新华书店经销

2020年8月第1版第1次印刷

开本：710×1000　1/16　印张：12.25

字数：128千字　定价：62.80元

前言

“得语文者得天下”这句口号在近几年广为流传。不管是基础教育还是中考高考，语文的地位都是第一重要的。特别是高考改革后，外语可以多次参考，取最高分计入高考总分；数学在今后的命题中也将大幅度降低难度；只有语文的广度、难度提升，因此语文在高考总分中的作用更加显著。可以说语文成绩的好坏，在很大程度上决定了总成绩的高低。

关于语文学科的重要性，专家们精见迭出，各有其理。北大教授陈平原公开讲过：“语文重要，是因为语文承载着学习其他科目的基础。它对学生会产生一辈子的影响，并且这种影响往往是潜移默化的。”苏步青是享誉世界的数学家，他开辟了微分几何研究的新局面，建立了一系列新理论，被誉为“东方第一几何学家”。而作为一位知名数学家，他却坦言“语文是成才的第一要素”。

语文改革后大幅增加了古诗文篇目，对有些同学而言背诵的内容多了，感觉负担重了，更提不起兴趣，成绩当然也就上不去。孔子说：“知之者不如好知者，好知者不如乐知者。”这也说明了学习一定要对所学的知识感兴趣，有兴趣去学习，是学好的根本，发现了学习的乐趣，才有助于我们持之以恒地学习。

那究竟该怎样提升兴趣呢？需要从改变学习方法入手，本书会帮助各位同学彻底改变死记硬背的方式，将初中必背的每篇古诗文绘制成生动形象的思维导图，运用思维导图中有趣的图文结合形式，掌握关键词间的逻辑关系，在彻底理解的基础上开始高效学习，直至成功逆袭，帮你得中考！得高考！得天下！

目录

上篇　思维导图介绍

下篇　古诗文思维导图

上篇

思维导图介绍

第一节 思维导图起源

思维导图被称为21世纪人类的一大创举，其实它有一个更加形象的名字——“大脑的瑞士军刀”。相信大家对“瑞士军刀”并不陌生，它又被称为万用刀！只听名字就知道有多强大了，而思维导图就是我们大脑的万用工具。

思维导图（Mindmap）是国际著名脑力权威大师东尼·博赞（Tony Buzan）先生在1974年出版的《启动大脑》一书中正式推荐给世人的。而博赞先生发明思维导图却出于一个偶然的机会。

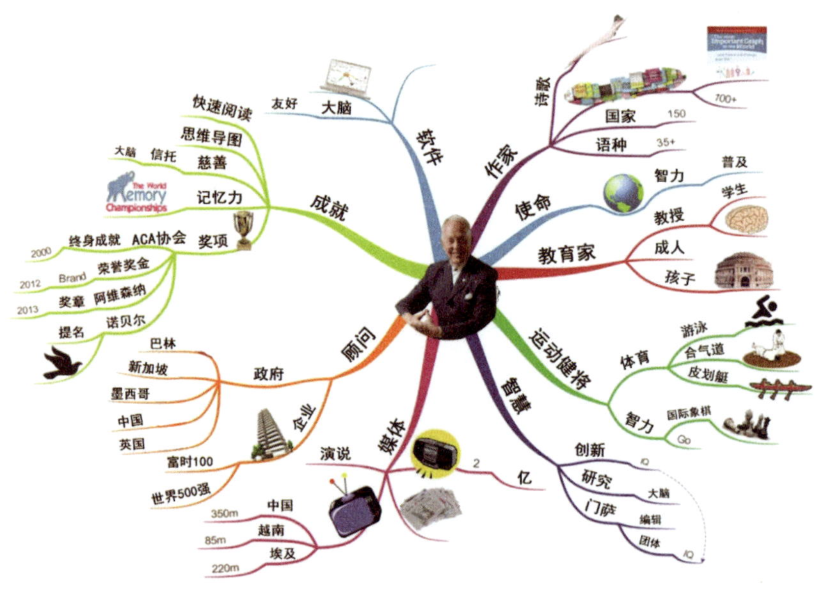

在哥伦比亚大学读书时，博赞忽然有一个奇怪的想法：我们买来使用的物品，几乎全部都有说明书，我们的大脑为什么没有配备说明书呢？于是他去图书馆准备借一本大脑的使用说明书，他问图书管理员：“哪里可以找到一本谈论大脑和如何使用大脑的书？”图书管理员随后带他到了医学图书室，他立马解释说："我要的不是做大脑手术的书，而只是想知道人类如何使用大脑。"图书管理员听后非常客气地说："对不起，我们没有这方面的书籍。"博赞非常惊奇地离开了，但是博赞离开图书馆后并没有失落，相反，他下定决心着手研究这一领域，直到后来成为思维导图的创始人。

开始时思维导图被更多应用在商业领域，而随着大家对思维导图的不断探索和深入研究，思维导图逐渐走进学校，成为孩子们高效学习的法宝。

都说"一图胜千言"，思维导图正是通过"图文并茂"的方式，综合运用左右脑，让我们第一时间把握重点信息，并且能够观察到信息的内在关系，而思维导图的网络化结构能够让所有烦琐的内容一目了然，让我们可以更加自如地应对学习中的重重压力。

第二节 思维导图定义

思维导图，是由四个简单的汉字组合而成，顾名思义：思即是思想、思念、考虑的意思，此处的思是要我们用心思考；维即是维度、角度的意思，我们是通过什么角度来思考的，或者我们还能够通过什么角度来思考呢？导即是引导联系，我们的想法是相互关联的，将相互关联的想法连接在一起就是我们所思考的内容了；图即是一种表现形式，思维导图可以用图形或者网络等不同的可视化方式进行体现。

通过对思维导图这四个字的解读，我们可以用一句话来说明思维导图：思维导图即是一种**可视化思维器**。它可以将我们大脑中的任何想法以可视化的方式呈现出来，便于我们梳理思路、提取信息。

第三节　思维导图本质

本质是事物的根本性质，是构成事物的各必要要素之间相对稳定的内在联系，是事物外部表现形态的根据。本质是事物内部所包含的一系列规律性和必然性的综合，认清事物的本质就可以把握事物发展的规律性、必然性。

思维导图的本质又是什么呢？思维导图既可以总结归纳，将一本书画成一张图，帮助我们理清逻辑关系，将复杂的问题简单化；又可以发散创造，将一张图演绎成一本精彩的书，帮助我们拓展思路，提供更多的可能性。因此，思维导图的本质归纳起来，只有八个字：**化繁为简，以简驭繁**。

第四节　绘制思维导图前的准备

经常会遇到好学的小伙伴不停地追着问："老师老师，我多久才可以学会画思维导图？"或者："我不会画画，能学会思维导图吗？"其实想要学会"画"导图只需要1分钟，而且不需要任何美术功底，只要你会写字，会画线条就可以了，但想要"画好"导图可就不是那么简单了。

俗话说：没有规矩不成方圆。想要画好一幅思维导图，需要把握住五个关键点：**中心图、线条、关键词、关键图、颜色**。当然，在这之前还需要做好充分的准备工作，要牢牢记住一句话：**准备比开始更重要！**我们首先来看看在画导图之前需要做哪些准备工作。

讲到画图，首先要有画图用的笔。通常画思维导图我们只需要准备两种笔：**黑笔和彩笔**。

黑笔：选择使用速干笔或针管笔，不建议使用中性笔。针管笔的优点是可选择的种类较多，从0.1号到1.0号不等，你可以根据自己的需要选择笔的直径大小；可勾边可写字，一笔多用而且不易晕染。

彩笔：彩笔的种类比较多，平时绘图我们通常会用到马克笔、水彩笔及彩铅。

1. 马克笔的笔头通常是扁的，一般分为油性马克笔、酒精性马克笔和水性马克笔。购买马克笔时，一定要知道马克笔的属性跟画出来的样子，马克笔适合画大型导图及大面积涂色。

2. 水彩笔又叫作彩色水性笔，是我们最常见到和使用的一种画具，它的笔头通常为圆形。它的优点是水分足，色彩丰富、鲜艳，缺点是水分不均匀，过渡不自然，两色在一起不好调和。适合画线条、关键图及小面积涂色。

3. 彩色铅笔也分为两种，一种是水溶性彩色铅笔（可溶于水），另一种是不溶性彩色铅笔（不能溶于水）。一般市面上买到的大部分都是不溶性彩色铅笔。画出的效果较淡，简单清晰，大多可用橡皮擦去。有着半透明的特征，可通过颜色的叠加，呈现不同的画面效果，是一种较具表现力的绘画工具。彩色铅笔适用于填充背景色，让整幅导图更加饱满，锦上添花。

其次，绘制思维导图一定要准备好画图用的纸，纸的种类也有很多，我们只需要把握这几个要点：

1. 选择A3或A4大小的空白纸

如果不是绘制大型导图，建议使用A4大小的纸；纸一定要是空白的，不能有框框、线条或者矩阵点，这些都可能会限制我们的思考。

2. 选择表面相对平滑，厚实且手感好的纸

纸张的表面要尽可能平滑，只有这样才能保证我们思绪的流畅度，厚实的纸张可以让我们毫无顾虑地涂色，让我们在没有干扰的情况下完成思维导图。

3. 将纸横放在你的面前

画导图的纸为什么要横放呢？为什么导图要横着画呢？并不是因为竖着不能画，而是跟我们人类的视野有关。当我们目视前方，向左右两侧舒展双臂时，我们会发现通过余光可以清晰看到左右两只手的指尖。而同样目视前方，向上下方向舒展双臂时，却发现怎样努力都看不到两手的指尖。这说明人类左右方向的视野要远远大于上下方向的视野，而将纸横着放、导图横着画，才能保证我们将整幅思维导图尽收眼底。

如果你已经完成了以上的准备工作，请深呼吸，开始进入下一节——思维导图的绘制法则。

第五节　思维导图绘制法则

1. 中心图

上一节我们讲到了绘制思维导图的五个关键点——中心图、线条、关键词、关键图、颜色。

每一幅思维导图都需要一个中心图，而中心图体现的就是整幅导图的中心思想：这幅图究竟画的是什么内容，是围绕什么主题展开的。因此，中心图是绘制思维导图的第一个步骤。

Q：如何解读中心图这三个字呢？

A：首先，我们可以确定的是：它是一张“图”，而不仅仅是几个字，因此

我们需要用图像或图形来表示。接着，“中心”二字，可以通过两个不同的层面来解读。第一个层面：它可以代表图的位置，中心图的位置应该画在**纸的中心**。如何判断一张纸的中心呢？以A4纸为例，第一种方法：我们可以将它平均分成9份，中间的一个方格即是一张纸的中心位置。第二种方法：我们可以沿着纸张的对角线对折，找到中间的交叉点，便是这张纸的中心点，围绕中心点绘制的图即是中心图。第二个层面：“中心”同时可以代表中心思想的意思，因为中心图可以在第一时间引起别人的注意，所以它需要能够凸显主题，因此，我们要求中心图必须和主题相关联，让人读图时对导图的中心思想一目了然。

Q：中心图画多大会比较合适呢？

A：中心图的大小取决于纸张的大小及内容的多少，以A4纸为例，通常我们所绘制的中心图长宽要小于5厘米。如果你依然不能很好地把握中心图的尺寸，不妨找一个参照物——银行卡，绘制的中心图大概有一张银行卡的大小就可以了。

Q：中心图有颜色的要求吗？

A：大家可以切身感受一下，当你看到一张思维导图的一瞬间，你的聚焦点会落在哪里呢？一定是中心图，因此中心图给人的是第一印象，所以在绘制时，我们要求中心图的颜色要在3种以上。在这里要特别强调，我们所要求的颜色一定要是彩色。黑白灰色属于中性色，也被称为无彩色系，这三种颜色不属于彩色。

2. 线条

当我们完成一幅思维导图的中心图之后，紧接着就是绘制导图的第二个步骤：线条（分支）。

思维导图的线条又被称为分支。大脑是通过联想来思维的，如果把分支连接起来，会更容易地理解和记住所学的知识。把主要分支连接起来，同时也创建了思维的基本结构。这和自然界中大树的形状极为相似，树枝从主干生出，向四面八方生长，思维导图线条的绘制也可以参考树干与树枝的关系。

思维导图的分支是由中心图出发，向四周发散的线条。按照不同的层级我们将它分成一级分支、二级分支、三级分支等以此类推。一级分支又被称为“主干”，它是离中心图最近的一条分支，因此它一定是和中心图关系最紧密的一条分支，所以一级分支我们用**牛角图**进行绘制。

牛角图顾名思义就是像牛角一样的图形，靠近中心图的位置宽一些，慢慢延伸，越来越细，直到以“一个点”结束，这就是牛角图的绘制方法。除一级分支外，其他分支只需要用一条**曲线**表示就可以了，线与线之间一定要紧紧连接。

线条还有另外一个必须遵守的规则：**同类同色**。同一类别的线条，要使用相同的颜色。相同色彩的分支可以帮助我们快速定位信息，加深印象。而线条的长短只需要做到与字同长度即可。

3. 关键词

关键词可以说是思维导图的灵魂所在。导图的内容靠什么来体现呢？中心图吗？不是！线条吗？也不是！想要了解导图的内容，一定要从关键词入手！

Q：关键词究竟是什么词？

A：关键词源于英文“keywords”，它是表达某个重点意思（内容）的最简洁的词语。它可以从文中找出，也可以通过归纳总结来获得。由于意思是有层次结构的，因此关键词也是有层次结构的。

以上对关键词的说明里包含了两个重要的“关键词”，分别是“**重点意思**”和“**层次结构**”。我们就按照这两个思路继续延伸。

Q：什么是重点意思呢？

（1）它可能是给我们留下最深刻印象的词语（深刻印象）。

（2）它可能是最具概括性的词语，首选名词，其次选动词（概括性）。

（3）它可能是最能表达句子中心意思的一个词语（中心意思）。

（4）也有可能是我们自己总结或提炼出来的一个词语（总结提炼）。

（5）它们之间有相互说明的关系（相互说明）。

（6）它们之间的联系能让我们回忆起文章的重点（回忆重点）。

符合以上六条的词语即是可以表达重点意思的关键词。

Q：什么是层次结构呢？

A：以一篇文章为例， 我们将关键词分为四个不同的层次。无论我们读什么题材什么内容的文章，首先，它都需要有一个“**主题关键词**”，文章的主题是什么，是围绕什么内容而写的，这便是主题关键词了，也就是我们常说的中心思想，主题关键词通常会在题目中体现。

文章是由很多段落组合而成的，因此关键词的第二个层次就是“**段落核心词**”，语文课上老师经常会提问的一个问题就是：“谁来说一说这一段的段落大意啊？”段落大意和段落核心词的区别就在于前者是一句话，后者是一个词。段落关键词通常会出现在每段的开头或结尾，可在原文中提取，有时也需要自己总结。

段落又是由什么组成的呢？那便是句子了。句子里的关键词我们称之为“**句子中心词**”。有时，一句话很长，我们还可以提取到句子里的“**下级关键词**”。

提取出不同层次的关键词后写在相应的位置上即可。文章的主题关键词即是整篇文章的关键词，要转化成相关联的图像，按照中心图的要求绘制。段落核心词要写在主干的位置，句子中心词即是分支上的关键词，句子里的下级关键词罗列在次级分支上即可。

最后要强调的一点就是关键词的**位置**。在绘制思维导图时，我们要求文字必须写在线上。大家可以想象一下，如果在一大段的文字信息里面，其中有几个字底下是画了线的。我们的大脑很容易倾向于判断，这几个画线的字是什么呢？对，是重点。这就是制定规则的原因了。

想要准确提取出恰当的关键词，离不开大量的训练，而训练提取关键词的能力也是有步骤的。学习要循序渐进，从简单的入手，因此我们在训练提取关键词时可以从最简单的句子开始，慢慢过渡到段落，接着找一些小的短文，然后到长篇文章，最后再来提取整本书的关键词并绘制成思维导图。

4、关键图

关键图是绘制思维导图的第四个步骤，按照前后顺序的排列来说，其实它并不是特别重要。正因为现在很多人放大了关键图的作用，因此也将一批导图爱好者拒之门外。在我看来，思维导图的“图”更侧重于一种图形化、网络化的表现形式，而不是里面的配图。当然，你如果是一名绘图高手，无疑这一优势将会使你的导图脱颖而出，因此，大家不妨利用一些空余的时间学习点绘画技巧，提升一下导图的颜值。

Q：添加关键图有哪些要求呢？

A：（1）思维导图的关键图要更多地使用**符号**或者**简图**。这一要求训练的是大家的图形转化能力，如果你擅长使用软件制图，平时可以多搜集类似的素材，如果你是一名手绘爱好者，这种图标（形）简单易学，可以增加绘图的趣味性，又可以让导图与众不同，一举多得！

（2）对于关键图的**位置**，可以选择画在线上，也可以画在线的旁边，如果关键图是为了强调某一个关键词，那么一定要画在离它较近的地方，方便他人进行阅读。

（3）关键图的**数量**一定不要过多。我们首先要理解为什么画关键图，画关键图其实是为了突出某个非常重要的关键词，如果每个关键词都配上图片，反而失去了关键图的意义。

（4）关键图的**颜色**要有别于线条，这样才能让我们在整幅思维导图里迅速捕捉到极其重要的信息。

我们日常所绘制的思维导图可以简单分成两个不同的种类，一类是需要拿出去给别人展示，用来讲解或者分享的，这时关键图就可以起到锦上添花的作用，为你赢得无数的掌声与喝彩，为你的导图之路增加信心。还有一类导图只需要留给自己看，对于这一类导图，是否使用关键图就可以根据个人的喜好和心情了。

5、颜色

思维导图之所以拥有强烈的视觉冲击力，最重要的便是对色彩的使用了。而导图对颜色的使用只有两个要求：**冷暖搭配；一类一色**。

（1）冷暖搭配。

我们所说的冷暖指的是颜色的属性。色彩的冷暖感觉是人们在长期生活实践中由于联想而形成的。红、橙、黄色常使人联想起东方旭日和燃烧的火焰，因此有温暖的感觉，所以称为“暖色”；蓝色常使人联想起高空的蓝天、阴影处的冰雪，因此有寒冷的感觉，所以称为“冷色”。色彩的冷暖是相对的。在同类色彩中，含暖意成分多的较暖，反之较冷。使用何种颜色，也可按照个人喜好选择，突出个性化，但同时也应符合大众审美观。

（2）一类一色。

思维导图中所强调的一类一色，实指一条主干及其所包含的所有分支颜色须一致，代表它们属于同一部分的内容。这一种色彩使用规则不仅可以提升整幅导图的美观程度，最主要的是可以让我们快速且准确地定位信息，而且不同的色块可以刺激大脑感官体验，提升注意力，同时可以强化我们对内容的理解程度，对提升记忆力也会有所帮助。

接下来，我将会把每一篇初中必背的古诗文配上思维导图，各位伙伴在学习时可以按照以下步骤：

1. 熟读古诗文，理解文章意思。

2. 提取关键词（先自己提取再与导图中的关键词进行对照）。

3. 临摹导图，回忆内容。

4. 默写导图，背诵原文。

希望各位伙伴能够通过“下篇”中的77张思维导图，找到学习语文的乐趣，发现绘制导图的乐趣。如有疑问请扫描二维码添加我的微信随时交流。

下篇

古诗文思维导图

关　雎

《诗经》

关关雎鸠，在河之洲。窈窕淑女，君子好逑。

参差荇菜，左右流之。窈窕淑女，寤寐求之。

求之不得，寤寐思服。悠哉悠哉，辗转反侧。

参差荇菜，左右采之。窈窕淑女，琴瑟友之。

参差荇菜，左右芼之。窈窕淑女，钟鼓乐之。

关关和鸣的雎鸠，相伴在河中的小洲。那美丽贤淑的女子，是君子的好配偶。

参差不齐的荇菜，从左到右去捞它。那美丽贤淑的女子，醒来睡去都想追求她。

追求却没法得到，白天黑夜便总思念她。长长的思念哟，叫人翻来覆去难睡下。

参差不齐的荇菜，从左到右去采它。那美丽贤淑的女子，奏起琴瑟来亲近她。

参差不齐的荇菜，从左到右去拔它。那美丽贤淑的女子，敲起钟鼓来取悦她。

思维导图

蒹 葭

《诗经》

蒹葭苍苍，白露为霜。所谓伊人，在水一方。
溯洄从之，道阻且长。溯游从之，宛在水中央。
蒹葭萋萋，白露未晞。所谓伊人，在水之湄。
溯洄从之，道阻且跻。溯游从之，宛在水中坻。
蒹葭采采，白露未已。所谓伊人，在水之涘。
溯洄从之，道阻且右。溯游从之，宛在水中沚。

河边芦苇青苍苍，秋深露水结成霜。意中之人在何处？就在河水那一方。
逆着流水去找她，道路险阻又太长。顺着流水去找她，仿佛在那水中央。
河边芦苇密又繁，清晨露水未曾干。意中之人在何处？就在河岸那一边。
逆着流水去找她，道路险阻攀登难。顺着流水去找她，仿佛就在水中滩。
河边芦苇密稠稠，早晨露水未全收。意中之人在何处？就在水边那一头。
逆着流水去找她，道路险阻曲难求。顺着流水去找她，仿佛就在水中洲。

思维导图

蒹葭
蒹葭
苍苍
萋萋
采采
白露
为霜
未晞
未已
伊人
在水一方
在水之湄
在水之涘
溯洄
道阻且长
道阻且跻
道阻且右
溯游
在水中央
在水中坻
在水中沚

十五从军征

《汉乐府》

十五从军行，八十始得归。

道逢乡里人，家中有阿谁？

遥望是君家，松柏冢累累。

兔从狗窦入，雉从梁上飞。

中庭生旅谷，井上生旅葵。

舂谷持作饭，采葵持作羹。

羹饭一时熟，不知贻阿谁。

出门东向望，泪落沾我衣。

刚满十五岁的少年就出去打仗，到了八十岁才回来。

路上碰到一个乡下的邻居，问："我家里还有什么人？"

（他说：）"你家那个地方现在已是松柏林中的一片坟墓。"

走到家门前看见野兔从狗洞里出进，野鸡在屋脊上飞来飞去。

院子里长着野生的谷子，野生的葵菜环绕着井台。

用捣掉壳的野谷来做饭，摘下葵叶来煮汤。

汤和饭一会儿都做好了，却不知赠送给谁吃。

走出大门向着东方张望，老泪纵横，洒落在征衣上。

思维导图

观沧海

（东汉）曹操

东临碣石，以观沧海。

水何澹澹，山岛竦峙。

树木丛生，百草丰茂。

秋风萧瑟，洪波涌起。

日月之行，若出其中。

星汉灿烂，若出其里。

幸甚至哉，歌以咏志。

东行登上碣石山，来观赏那苍茫的海。

海水多么宽阔浩荡，山岛高高地挺立在海边。

树木和百草丛生，十分繁茂。

秋风吹动树木发出悲凉的声音，海中涌着巨大的海浪。

太阳和月亮的运行，好像是从这浩瀚的海洋中发出的。

银河星光灿烂，好像是从这浩瀚的海洋中产生出来的。

我很高兴，就用这首诗歌来表达自己内心的志向。

思维导图

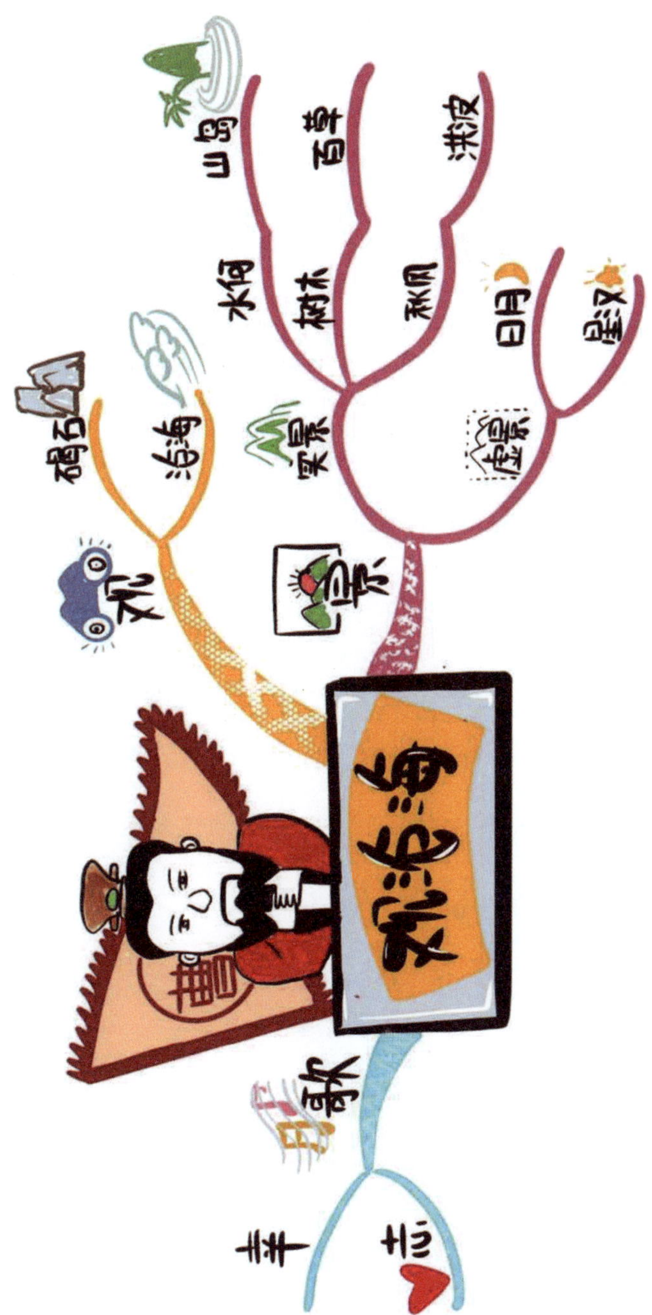

饮酒·其五

（东晋）陶潜

结庐在人境，而无车马喧。
问君何能尔？心远地自偏。
采菊东篱下，悠然见南山。
山气日夕佳，飞鸟相与还。
此中有真意，欲辨已忘言。

居住在人世间，却没有车马的喧嚣。

问我为何能如此，只要心志高远，自然就会觉得所处地方僻静了。

在东篱之下采摘菊花，悠然间，那远处的南山映入眼帘。

山中的气息与傍晚的景色十分好，有飞鸟结着伴儿归来。

这里面蕴含着人生的真正意义，想要辨识，却不知怎样表达。

思维导图

木兰诗

北朝民歌

唧唧复唧唧，木兰当户织。不闻机杼声，惟闻女叹息。问女何所思，问女何所忆。女亦无所思，女亦无所忆。昨夜见军帖，可汗大点兵，军书十二卷，卷卷有爷名。阿爷无大儿，木兰无长兄，愿为市鞍马，从此替爷征。

东市买骏马，西市买鞍鞯，南市买辔头，北市买长鞭。旦辞爷娘去，暮宿黄河边，不闻爷娘唤女声，但闻黄河流水鸣溅溅。旦辞黄河去，暮至黑山头，不闻爷娘唤女声，但闻燕山胡骑鸣啾啾。

万里赴戎机，关山度若飞。朔气传金柝，寒光照铁衣。将军百战死，壮士十年归。

归来见天子，天子坐明堂。策勋十二转，赏赐百千强。可汗问所欲，木兰不用尚书郎；愿驰千里足，送儿还故乡。

爷娘闻女来，出郭相扶将；阿姊闻妹来，当户理红妆；小弟闻姊来，磨刀霍霍向猪羊。开我东阁门，坐我西阁床，脱我战时袍，著我旧时裳，当窗理云鬓，对镜帖花黄。出门看火伴，火伴皆惊忙：同行十二年，不知木兰是女郎。

雄兔脚扑朔，雌兔眼迷离；双兔傍地走，安能辨我是雄雌？

译文

叹息声一声接着一声传出，木兰对着房门织布。听不见织布机织布的声音，只听见木兰在叹息。问木兰在想什么？问木兰在惦记什么？（木兰答道）我也没有在想什么，也没有在惦记什么。昨天晚上看见征兵文书，知道天子在大规模征兵，那么多卷征兵文册，每一卷上都有父亲的名字。父亲没有大儿子，木兰（我）没有兄长，木兰愿意为此到集市上去买马鞍和马匹，就开始替代父亲去征战。

在东、西、南、北市分别购买骏马、鞍鞯、辔头、长鞭。第二天早晨离开父母，晚上宿营在黄河边，听不见父母呼唤女儿的声音，只能听到黄河水流水声。第二天早晨离开黄河上路，晚上到达黑山头，听不见父母呼唤女儿的声音，只能听到燕山胡兵战马的啾啾的鸣叫声。

不远万里奔赴战场，翻越重重山峰就像飞起来那样迅速。北方的寒气中传来打更声，月光映照着战士们的铠甲。将士们身经百战，有的为国捐躯，有的转战多年胜利归来。

胜利归来朝见天子，天子坐在殿堂（论功行赏）。给木兰记最大的功勋，得到的赏赐有千百金还有余。天子问木兰有什么要求，木兰说不愿做尚书郎，希望骑上千里马，回到故乡。

父母听说女儿回来了，互相搀扶着到城外迎接她；姐姐听说妹妹回来了，对着门户梳妆打扮起来；弟弟听说姐姐回来了，忙着霍霍地磨刀杀猪宰羊。每间房都打开了门进去看看，脱去打仗时穿的战袍，穿上以前女孩子的衣裳，当着窗子、对着镜子整理漂亮的头发，对着镜子在面部贴上装饰物。走出去看一起打仗的伙伴，伙伴们很吃惊，（都说我们）同行数年之久，竟然不知木兰是女孩。

（提着兔子耳朵悬在半空中时）雄兔两只前脚时时动弹、雌兔两只眼睛时常眯着，所以容易分辨。雄雌两兔一起并排跑，怎能分辨哪个是雄兔哪个是雌兔呢？

思维导图

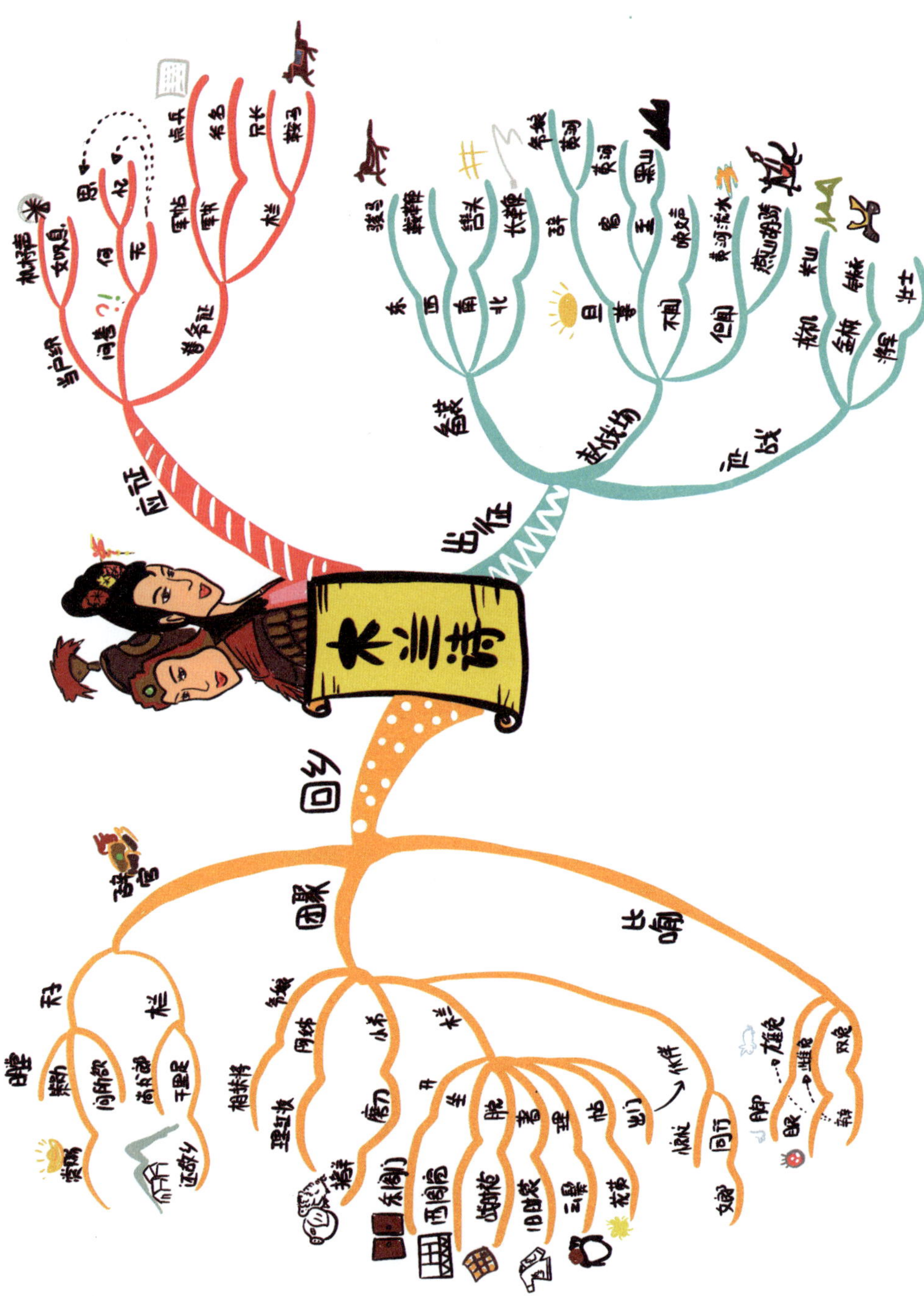

送杜少府之任蜀州

（唐）王勃

城阙辅三秦，风烟望五津。
与君离别意，同是宦游人。
海内存知己，天涯若比邻。
无为在歧路，儿女共沾巾。

巍巍长安，雄踞三秦之地；渺渺四川，却在迢迢远方。

你我命运何等相仿，奔波仕途，远离家乡。

只要有知心朋友，四海之内不觉遥远。即便在天涯海角，感觉就像近邻一样。

岔道分手，实在不用儿女情长、泪洒衣裳。

思维导图

登幽州台歌

（唐）陈子昂

前不见古人，后不见来者。

念天地之悠悠，独怆然而涕下。

往前不见古代招贤的圣君，向后不见后世求才的明君。

只有那苍茫天地悠悠无限，止不住满怀悲伤热泪纷纷。

思维导图

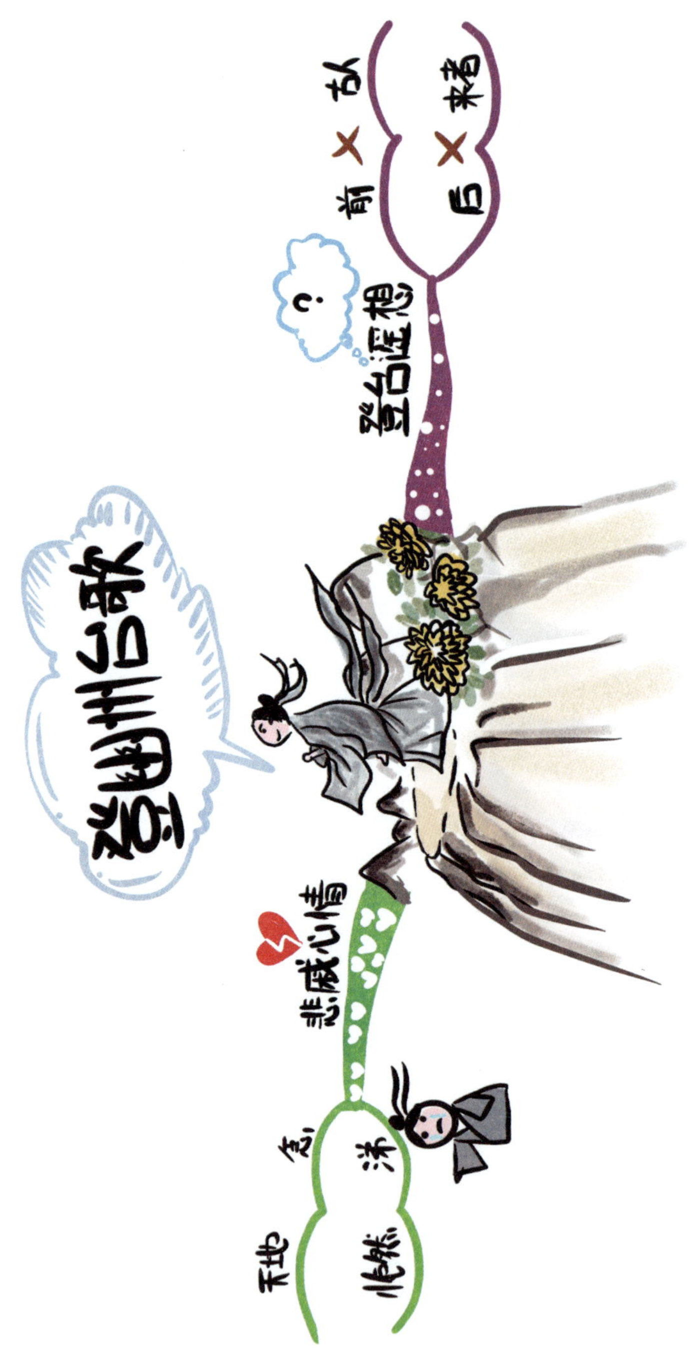

次北固山下

（唐）王湾

客路青山外，行舟绿水前。
潮平两岸阔，风正一帆悬。
海日生残夜，江春入旧年。
乡书何处达？归雁洛阳边。

译文

旅途在青山外，在碧绿的江水前行舟。

潮水涨满，两岸之间水面宽阔，顺风行船恰好把帆儿高悬。

夜幕还没有褪尽，旭日已在江上冉冉升起，还在旧年时分，江南已有了春天的气息。

寄出去的家信不知何时才能到达，希望北归的大雁捎到洛阳去。

思维导图

使至塞上

（唐）王维

单车欲问边，属国过居延。
征蓬出汉塞，归雁入胡天。
大漠孤烟直，长河落日圆。
萧关逢候骑，都护在燕然。

译文

乘单车想去慰问边关，身为典属国我已过居延。

千里飞蓬也飘出汉塞，北归大雁正翱翔云天。

浩瀚沙漠中孤烟直上，无尽黄河上落日浑圆。

到萧关遇到侦察骑兵，告诉我都护已在燕然。

思维导图

闻王昌龄左迁龙标遥有此寄

（唐）李白

杨花落尽子规啼，闻道龙标过五溪。

我寄愁心与明月，随风直到夜郎西。

在杨花落完、子规啼鸣的时候，听说你路过五溪。

我把我忧愁的心思寄托给明月，希望能随风一直陪着你到夜郎以西。

思维导图

行路难·其一

（唐）李白

金樽清酒斗十千，玉盘珍羞直万钱。
停杯投箸不能食，拔剑四顾心茫然。
欲渡黄河冰塞川，将登太行雪满山。
闲来垂钓碧溪上，忽复乘舟梦日边。
行路难！行路难！多歧路，今安在？
长风破浪会有时，直挂云帆济沧海。

金杯里装的名酒，每斗要价十千；玉盘中盛的精美菜肴，收费万钱。

胸中郁闷啊，我停杯投箸吃不下；拔剑环顾四周，我心里委实茫然。

想渡黄河，冰雪堵塞了这条大川；要登太行，莽莽的风雪早已封山。

像吕尚垂钓溪，闲待东山再起；又像伊尹做梦，他乘船经过日边。

世上行路呵多么艰难，多么艰难；眼前歧路这么多，我该向北向南？

相信总有一天，能乘长风破万里浪；高高挂起云帆，在沧海中勇往直前！

思维导图

黄鹤楼

（唐）崔颢

昔人已乘黄鹤去，此地空余黄鹤楼。
黄鹤一去不复返，白云千载空悠悠。
晴川历历汉阳树，芳草萋萋鹦鹉洲。
日暮乡关何处是？烟波江上使人愁。

过去的仙人已经驾着黄鹤飞走了，这里只留下一座空荡荡的黄鹤楼。

黄鹤一去再也没有回来，千百年来只看见悠悠的白云。

阳光照耀下的汉阳树木清晰可见，鹦鹉洲上有一片碧绿的芳草覆盖。

天色已晚，眺望远方，故乡在哪儿呢？眼前只见一片雾霭笼罩江面，给人带来深深的愁绪。

思维导图

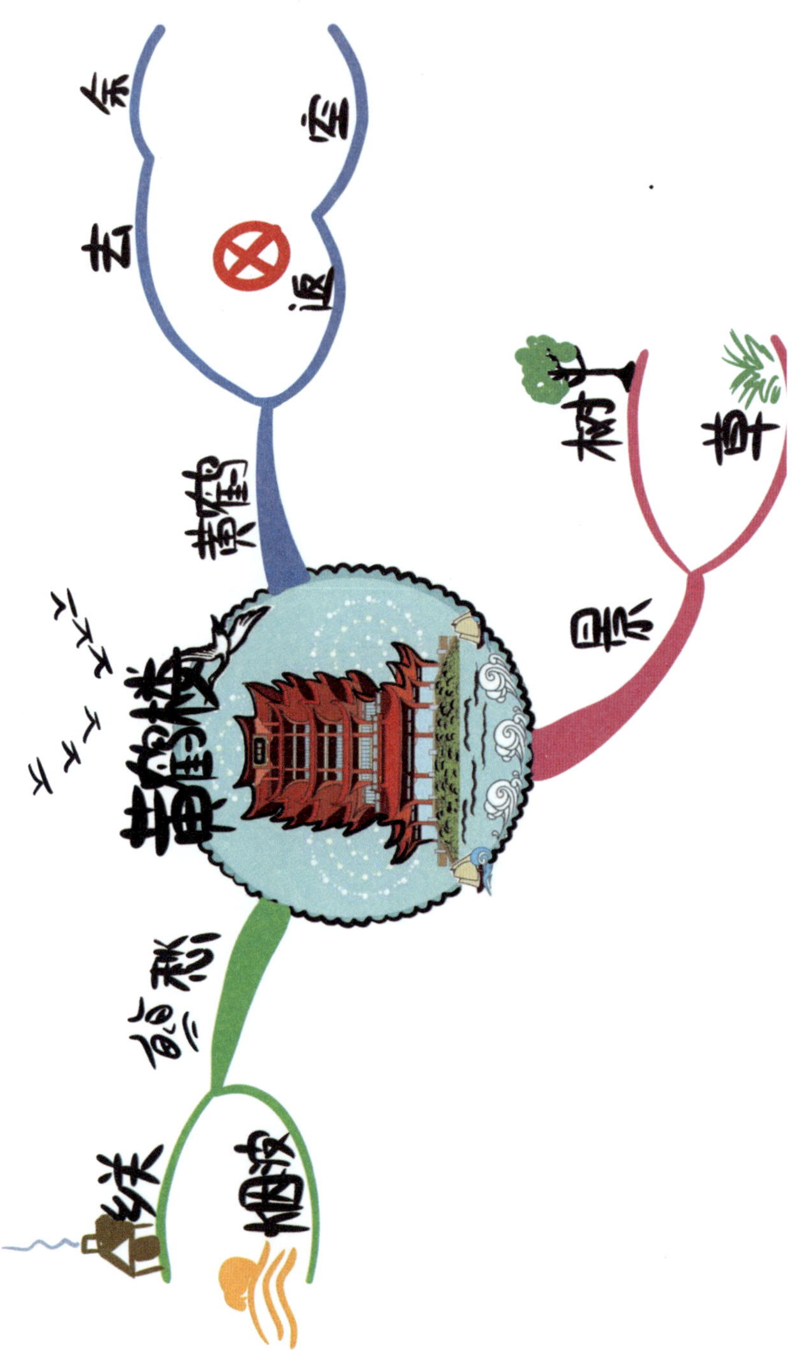

望　岳

（唐）杜甫

岱宗夫如何？齐鲁青未了。

造化钟神秀，阴阳割昏晓。

荡胸生曾云，决眦入归鸟。

会当凌绝顶，一览众山小。

译文

巍峨的泰山，到底如何雄伟？走出齐鲁，依然可见那青青的峰顶。

神奇自然汇聚了千种美景，山南山北分隔出清晨和黄昏。

层层白云，荡涤胸中沟壑；翩翩归鸟，飞入赏景眼圈。

定要登上泰山顶峰，俯瞰群山，豪情满怀。

思维导图

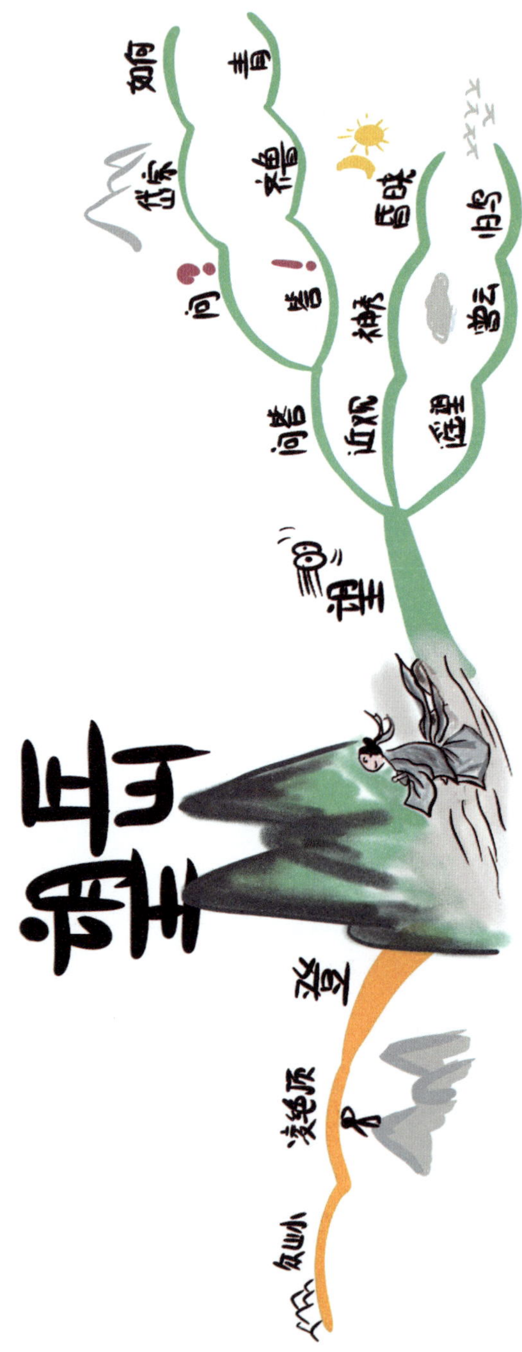

春　望

（唐）杜甫

国破山河在，城春草木深。
感时花溅泪，恨别鸟惊心。
烽火连三月，家书抵万金。
白头搔更短，浑欲不胜簪。

长安沦陷，国家破碎，只有山河依旧；春天来了，人烟稀少的长安城里草木茂密。

感伤国事，不禁涕泪四溅，鸟鸣惊心，徒增离愁别恨。

连绵的战火已经延续了半年多，家书难得，一封抵得上万两黄金。

愁绪缠绕，搔头思考，白发越搔越短，简直要不能插簪了。

思维导图

茅屋为秋风所破歌

（唐）杜甫

八月秋高风怒号，卷我屋上三重茅。茅飞渡江洒江郊，高者挂罥长林梢，下者飘转沉塘坳。

南村群童欺我老无力，忍能对面为盗贼，公然抱茅入竹去。唇焦口燥呼不得，归来倚杖自叹息。

俄顷风定云墨色，秋天漠漠向昏黑。布衾多年冷似铁，娇儿恶卧踏里裂。床头屋漏无干处，雨脚如麻未断绝。自经丧乱少睡眠，长夜沾湿何由彻？

安得广厦千万间，大庇天下寒士俱欢颜，风雨不动安如山。呜呼！何时眼前突兀见此屋，吾庐独破受冻死亦足！

八月里秋深，狂风怒号，狂风卷走了我屋顶上好几层茅草。茅草乱飞，渡过浣花溪，散落在对岸江边。飞得高的茅草缠绕在高高的树梢上，飞得低的飘飘洒洒沉落到池塘和洼地里。

南村的一群儿童欺负我年老没力气，竟忍心这样当面做“贼”抢东西，毫无顾忌地抱着茅草跑进竹林去了。我嘴唇干燥也喝止不住，回来后拄着拐杖，独自叹息。

一会儿风停了，天空中乌云像墨一样黑，深秋天空阴沉迷蒙渐渐黑下来了。布被盖了多年，又冷又硬，像铁板似的。孩子睡觉姿势不好，把被子蹬破了。一下雨屋顶漏水，屋内没有一点儿干燥的地方，房顶的雨水像麻线一样不停地往下漏。自从安史之乱之后，我睡眠的时间很少，长夜漫漫，屋漏床湿，怎能挨到天亮？

如何能得到千万间宽敞高大的房子，普遍地庇覆天下间贫寒的读书人，让他们开颜欢笑，房子在风雨中也不为所动，安稳得像是山一样？唉！什么时候眼前出现这样高耸的房屋，到那时即使我的茅屋被秋风所吹破，我自己受冻而死也心甘情愿！

思维导图

茅屋为秋风所破歌
风怒号
三重茅
洒江郊
长林梢
沉塘坳
老无力
群童
入竹去
呼不得
自叹息
云墨色
向昏黑
布衾
娇儿
床头
雨脚
丧乱
长夜
何由彻
俱欢颜
广厦
安如山
风雨
寒士
死亦足

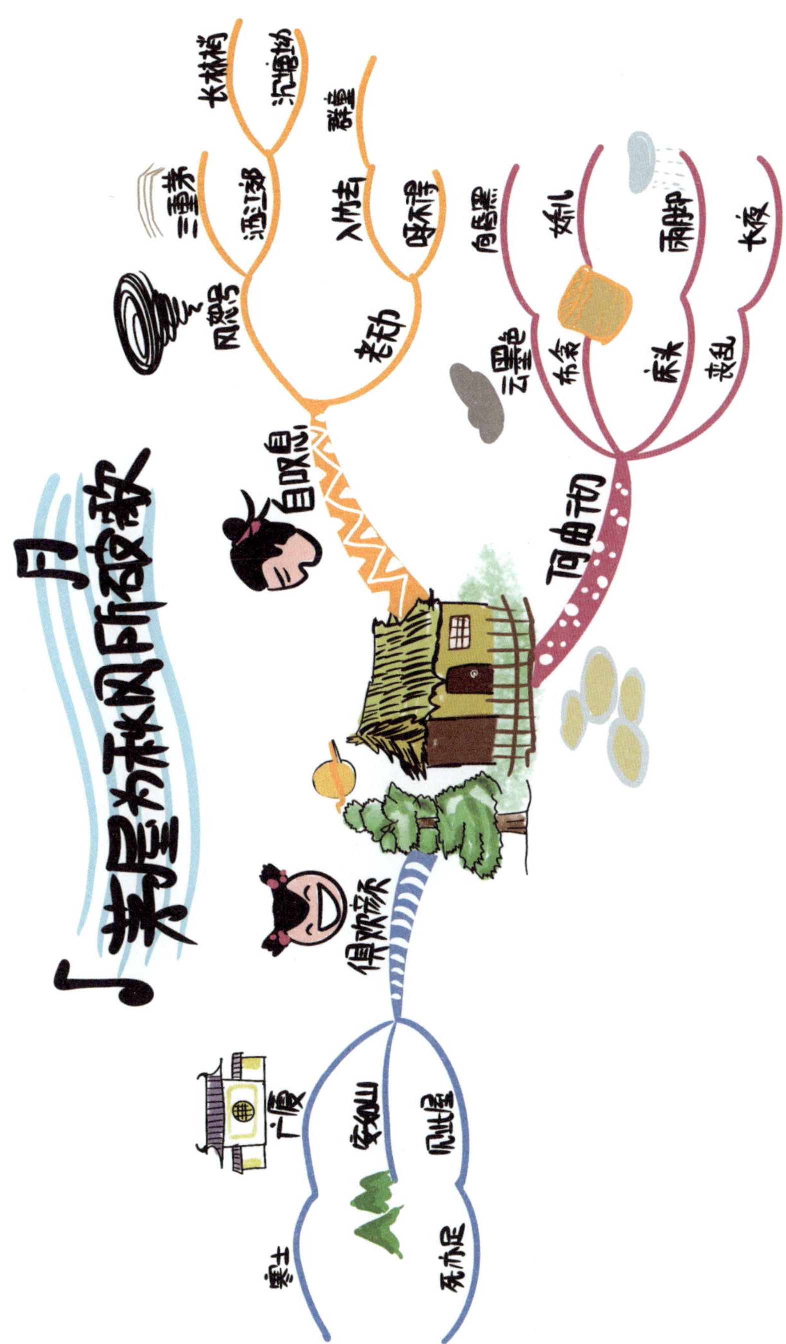

白雪歌送武判官归京

（唐）岑参

北风卷地白草折，胡天八月即飞雪。
忽如一夜春风来，千树万树梨花开。
散入珠帘湿罗幕，狐裘不暖锦衾薄。
将军角弓不得控，都护铁衣冷难着。
瀚海阑干百丈冰，愁云惨淡万里凝。
中军置酒饮归客，胡琴琵琶与羌笛。
纷纷暮雪下辕门，风掣红旗冻不翻。
轮台东门送君去，去时雪满天山路。
山回路转不见君，雪上空留马行处。

译文

北风席卷大地把白草吹折，胡地天气八月就纷扬落雪。
忽然间宛如一夜春风吹来，好像是千树万树梨花盛开。
雪花散入珠帘打湿了罗幕，狐裘穿不暖锦被也嫌单薄。
将军都护手冻得拉不开弓，铁甲冰冷得让人难以穿着。
沙漠结冰百丈纵横有裂纹，万里长空凝聚着惨淡愁云。
主帅帐中摆酒为归客饯行，胡琴琵琶羌笛合奏来助兴。
傍晚辕门前大雪落个不停，红旗冻僵了风也无法牵引。
轮台东门外欢送你回京去，你去时大雪盖满了天山路。
山路迂回曲折已看不见你，雪上只留下一行马蹄印迹。

思维导图

白雪歌送武判官归京
雪景
白草
春风
飞雪
梨花
狐裘
锦衾
珠帘
角弓
铁衣
瀚海
愁云
送别
饮归客
胡琴
琵琶
羌笛
下辕门
冻不翻
送君去
天山路
不见
马行处

酬乐天扬州初逢席上见赠

（唐）刘禹锡

巴山楚水凄凉地，二十三年弃置身。
怀旧空吟闻笛赋，到乡翻似烂柯人。
沉舟侧畔千帆过，病树前头万木春。
今日听君歌一曲，暂凭杯酒长精神。

巴山楚水凄凉之地，二十三年默默谪居。

回来物是人非，我像烂柯之人，只能吹笛赋诗，空自惆怅不已。

沉舟侧畔，千帆竞发；病树前头，万木逢春。

今日听你高歌一曲，暂借杯酒振作精神。

思维导图

卖炭翁

（唐）白居易

卖炭翁，伐薪烧炭南山中。
满面尘灰烟火色，两鬓苍苍十指黑。
卖炭得钱何所营？身上衣裳口中食。
可怜身上衣正单，心忧炭贱愿天寒。
夜来城外一尺雪，晓驾炭车辗冰辙。
牛困人饥日已高，市南门外泥中歇。
翩翩两骑来是谁？黄衣使者白衫儿。
手把文书口称敕，回车叱牛牵向北。
一车炭，千余斤，宫使驱将惜不得。
半匹红绡一丈绫，系向牛头充炭直。

有位卖炭的老翁，整年在南山里砍柴烧炭。

他满脸灰尘，显出被烟熏火燎的颜色，两鬓头发灰白，十个手指也被炭烧得很黑。

卖炭得到的钱用来干什么？买身上穿的衣裳和嘴里吃的食物。

可怜他身上只穿着单薄的衣服，心里却担心炭卖不出去，还希望天更寒冷。

夜里城外下了一尺厚的大雪，清晨，老翁驾着炭车碾轧冰冻的车轮印往集市上赶去。

牛累了，人饿了，但太阳已经升得很高了，他们就在集市南门外的泥泞中歇息。

那得意忘形地骑着两匹马的人是谁啊？是皇宫内的太监和太监的手下。

太监手里拿着文书，嘴里却说是皇帝的命令，吆喝着牛朝皇宫拉去。

一车的炭，一千多斤，太监差役们硬是要赶着走，老翁是百般不舍，但又无可奈何。

那些人把半匹红纱和一丈绫，朝牛头上一挂，就充当炭的价钱了。

思维导图

卖炭翁
艰难无助
伐薪烧炭
满面尘灰
两鬓苍苍
卖炭得钱
衣裳
食
一尺雪
辗冰辙
日已高
泥中歇
宫使驱将
两骑
黄衣
白衫
文书
叱牛
一车炭
惜不得
纱绫
充炭直

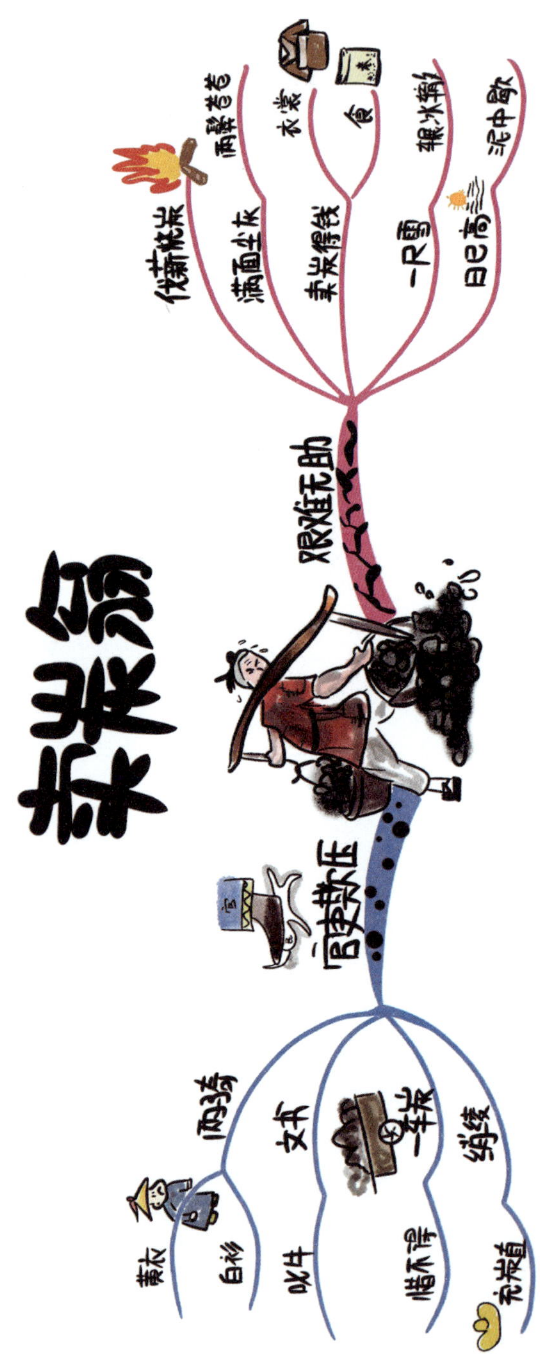

钱塘湖春行

（唐）白居易

孤山寺北贾亭西，水面初平云脚低。

几处早莺争暖树，谁家新燕啄春泥。

乱花渐欲迷人眼，浅草才能没马蹄。

最爱湖东行不足，绿杨阴里白沙堤。

译文

行至孤山寺北，贾公亭西，暂且歇脚，举目远眺，但见水面平涨，白云低垂，秀色无边。

几只黄莺，争先飞往向阳树木，谁家燕子，为筑新巢衔来春泥？

鲜花缤纷，几乎迷人眼神，野草青青，刚刚遮没马蹄。

湖东景色，令人流连忘返，最为可爱的，还是那绿杨掩映的白沙堤。

思维导图

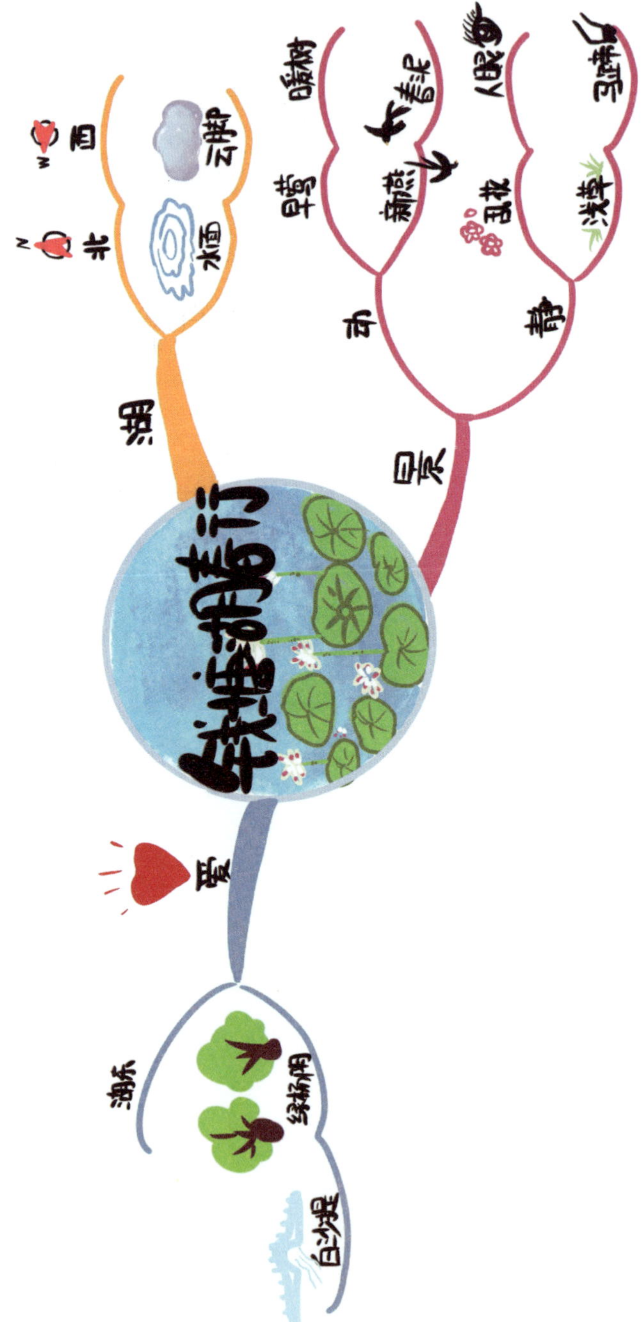

雁门太守行

（唐）李贺

黑云压城城欲摧，甲光向日金鳞开。
角声满天秋色里，塞上燕脂凝夜紫。
半卷红旗临易水，霜重鼓寒声不起。
报君黄金台上意，提携玉龙为君死！

敌兵滚滚而来，犹如黑云翻卷，想要摧倒城墙；我军严阵以待，阳光照耀铠甲，一片金光闪烁。

秋色里，响亮军号震天动地；黑夜间战士鲜血凝成暗紫。

红旗半卷，援军赶赴易水；夜寒霜重，鼓声郁闷低沉。

只为报答君王恩遇，手携宝剑，视死如归。

思维导图

赤　壁

（唐）杜牧

折戟沉沙铁未销，自将磨洗认前朝。

东风不与周郎便，铜雀春深锁二乔。

一支折断了的铁戟（古代兵器）沉没在水底的沙中还没有销蚀掉，经过自己又磨又洗发现这是当年赤壁之战的遗留之物。

假如东风不给周瑜以方便，结局恐怕是曹操取胜，二乔被关进铜雀台了。

思维导图

泊秦淮

（唐）杜牧

烟笼寒水月笼沙，夜泊秦淮近酒家。
商女不知亡国恨，隔江犹唱后庭花。

浩渺寒江之上弥漫着迷蒙的烟雾，皓月的清辉洒在白色沙渚之上。入夜，我将小舟泊在秦淮河畔，临近酒家。金陵歌女似乎不知何为亡国之恨、黍离之悲，竟依然在对岸吟唱着淫靡之曲《玉树后庭花》。

思维导图

夜雨寄北

（唐）李商隐

君问归期未有期，巴山夜雨涨秋池。

何当共剪西窗烛，却话巴山夜雨时。

您问归期，归期实难说准，巴山连夜暴雨，涨满秋池。

何时归去，共剪西窗烛花，当面诉说，巴山夜雨况味。

思维导图

无题·相见时难别亦难

（唐）李商隐

相见时难别亦难，东风无力百花残。
春蚕到死丝方尽，蜡炬成灰泪始干。
晓镜但愁云鬓改，夜吟应觉月光寒。
蓬山此去无多路，青鸟殷勤为探看。

译文

见面的机会真是难得，分别时更是难舍难分，况且又兼春风将尽的暮春天气，百花残谢，更加使人伤感。

春蚕结茧到死时丝才吐完，蜡烛燃尽成灰时像泪一样的蜡油才能滴干。

女子早晨妆扮照镜，只担忧丰盛如云的鬓发改变颜色，青春的容颜消失。男子晚上长吟不寐，必然感到冷月侵人。

对方的住处就在不远的蓬莱山，却无路可通，可望而不可即。希望有青鸟一样的使者殷勤地为我去探看情人。

思维导图

相见欢·无言独上西楼

（南唐）李煜

无言独上西楼，月如钩。寂寞梧桐深院锁清秋。

剪不断，理还乱，是离愁。别是一般滋味在心头。

默默无言，孤孤单单，独自一人缓缓登上空荡荡的西楼。抬头望天，只有一弯如钩的冷月相伴。低头望去，只见梧桐树寂寞地孤立院中，幽深的庭院被笼罩在清冷凄凉的秋色之中。

那剪也剪不断，理也理不清，让人心乱如麻的，正是亡国之苦。那悠悠愁思缠绕在心头，却又是另一种无可名状的痛苦。

思维导图

渔家傲·秋思

（北宋）范仲淹

塞下秋来风景异，衡阳雁去无留意。四面边声连角起，千嶂里，长烟落日孤城闭。

浊酒一杯家万里，燕然未勒归无计。羌管悠悠霜满地，人不寐，将军白发征夫泪。

秋天到了，西北边塞的风光和江南不同。大雁又飞回衡阳了，一点也没有停留之意。黄昏时，军中号角一吹，周围的边声也随之而起。层峦叠嶂里，暮霭沉沉，山衔落日，孤零零的城门紧闭。

饮一杯浊酒，不由得想起万里之外的家乡，未能像窦宪那样战胜敌人，刻石燕然，不能早作归计。悠扬的羌笛响起来了，天气寒冷，霜雪满地。夜深了，将士们都不能安睡：将军为操持军事，须发都变白了；战士们久戍边塞，也流下了伤心的眼泪。

思维导图

浣溪沙·一曲新词酒一杯

（北宋）晏殊

一曲新词酒一杯，去年天气旧亭台。夕阳西下几时回？

无可奈何花落去，似曾相识燕归来。小园香径独徘徊。

听一支新曲喝一杯美酒，还是去年的天气旧日的亭台，西落的夕阳何时再回来？

那花儿落去我也无可奈何，那归来的燕子似曾相识，在小园的花径上独自徘徊。

思维导图

登飞来峰

（北宋）王安石

飞来山上千寻塔，闻说鸡鸣见日升。
不畏浮云遮望眼，自缘身在最高层。

飞来峰顶有座高耸入云的塔，听说鸡鸣时分可以看见旭日升起。

不怕层层浮云遮住我那远眺的视野，只因为我站在飞来峰顶，登高望远心胸宽广。

思维导图

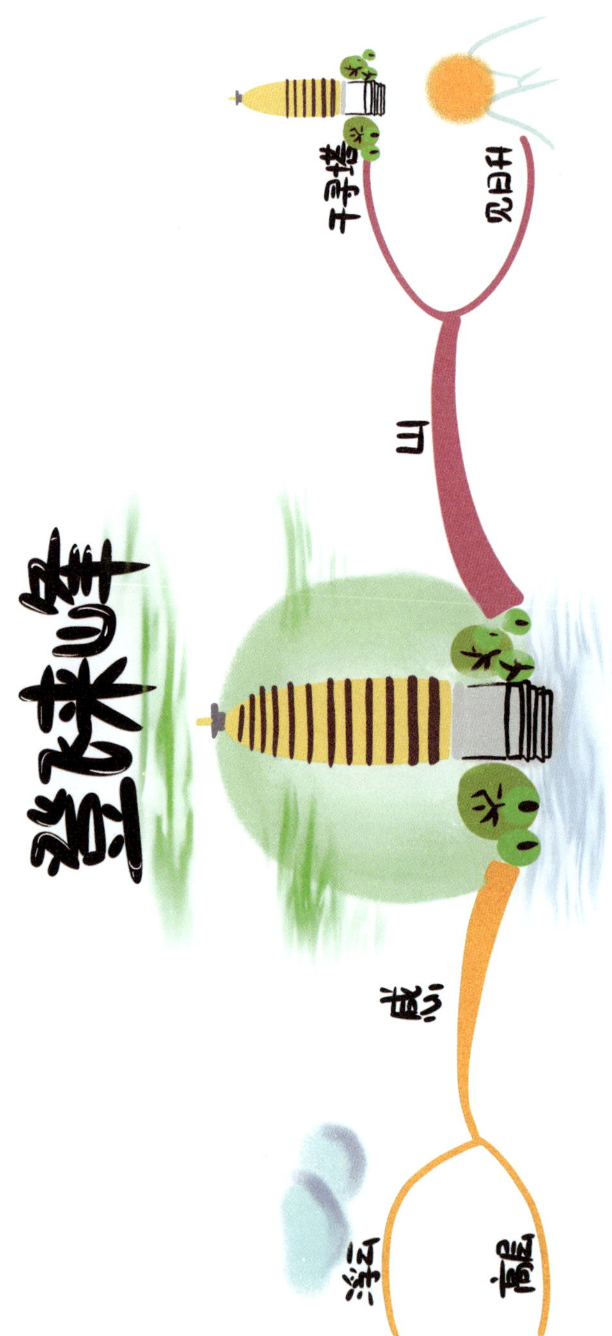

江城子·密州出猎

（北宋）苏轼

老夫聊发少年狂，左牵黄，右擎苍，锦帽貂裘，千骑卷平冈。为报倾城随太守，亲射虎，看孙郎。

酒酣胸胆尚开张。鬓微霜，又何妨！持节云中，何日遣冯唐？会挽雕弓如满月，西北望，射天狼。

译文

我姑且抒发一下少年的豪情壮志，左手牵着黄犬，右臂擎着苍鹰，戴着华美鲜艳的帽子，穿着貂皮做的衣服，带着上千骑的随从疾风般席卷平坦的山冈。为了报答满城的人跟随我出猎的盛情厚意，我要像孙权一样，亲自射杀猛虎。

我痛饮美酒，心胸开阔，胆气更为豪壮。（虽然）两鬓微微发白，（但）这又有何妨？什么时候皇帝会派人下来，就像汉文帝派遣冯唐去云中赦免魏尚的罪（一样信任我）呢？我将使尽力气拉满雕弓就像满月一样，朝着西北瞄望，射向西夏军队。

思维导图

水调歌头·明月几时有

（北宋）苏轼

丙辰中秋，欢饮达旦，大醉，作此篇，兼怀子由。

明月几时有？把酒问青天。不知天上宫阙，今夕是何年。我欲乘风归去，又恐琼楼玉宇，高处不胜寒。起舞弄清影，何似在人间。

转朱阁，低绮户，照无眠。不应有恨，何事长向别时圆？人有悲欢离合，月有阴晴圆缺，此事古难全。但愿人长久，千里共婵娟。

丙辰年的中秋节，高兴地喝酒直到第二天早晨，喝到大醉，写了这首词，同时思念弟弟苏辙。

明月从什么时候才开始出现的？我端起酒杯遥问苍天。不知道在天上的宫殿，如今是何年何月。我想要乘御清风回到天上，又恐怕在美玉砌成的楼宇，受不住高耸九天的寒冷。翩翩起舞玩赏着月下清影，哪像是在人间。

月儿转过朱红色的楼阁，低低地挂在雕花的窗户上，照着没有睡意的自己。明月不该对人们有什么怨恨吧，为什么偏在人们离别时才圆呢？人有悲欢离合的变迁，月有阴晴圆缺的转换，这种事自古来难以周全。只希望这世上所有人的亲人都能平安健康，即便相隔千里，也能共享这美好的月光。

思维导图

水调歌头
明月几时有
望月
明月
青天
宫阙
今夕何年
乘风归去
琼楼玉宇
胜寒
清影
人间
怀人
朱阁
绮户
眠
别时圆
恨
悲欢离合
人
古难全
月
阴晴圆缺
愿
人长久
共婵娟

渔家傲·天接云涛连晓雾

（南宋）李清照

天接云涛连晓雾，星河欲转千帆舞。仿佛梦魂归帝所，闻天语，殷勤问我归何处。

我报路长嗟日暮，学诗谩有惊人句。九万里风鹏正举。风休住，蓬舟吹取三山去！

水天相接，晨雾蒙蒙笼云涛。银河欲转，千帆如梭逐浪漂。梦魂仿佛回天庭，天帝传话善相邀。殷勤问：归宿何处请相告。

我回报天帝说：路途漫长啊，又叹日暮时不早。学做诗，枉有妙句人称道。长空九万里，大鹏冲天飞正高。风啊！千万别停息，将我这一叶轻舟，直送往蓬莱三岛去。

思维导图

游山西村

（南宋）陆游

莫笑农家腊酒浑，丰年留客足鸡豚。
山重水复疑无路，柳暗花明又一村。
箫鼓追随春社近，衣冠简朴古风存。
从今若许闲乘月，拄杖无时夜叩门。

译文

不要笑农家腊月里酿的酒浊而又浑，在丰收的年景里待客菜肴非常丰盛。

山峦重叠水流曲折正担心无路可走，柳绿花艳忽然眼前又出现一个山村。

吹着箫打起鼓春社的日子已经接近，村民们衣冠简朴古代风气仍然保存。

今后如果还能乘大好月色出外闲游，我一定拄着拐杖随时来敲你的家门。

思维导图

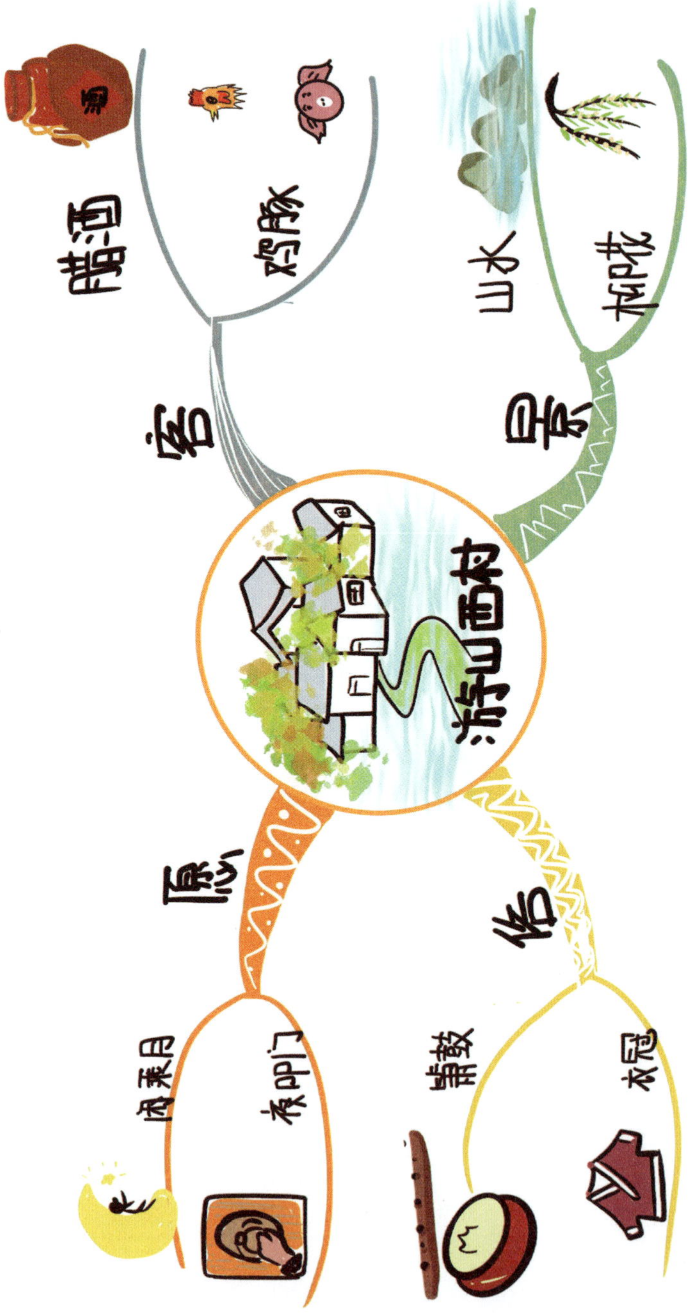

南乡子·登京口北固亭有怀

（南宋）辛弃疾

何处望神州？满眼风光北固楼。千古兴亡多少事？悠悠。不尽长江滚滚流。

年少万兜鍪，坐断东南战未休。天下英雄谁敌手？曹刘。生子当如孙仲谋。

什么地方可以看见中原呢？在北固楼上，满眼都是美好的风光。从古到今，有多少国家兴亡大事呢？不知道。往事连绵不断，如同没有尽头的长江水滚滚地奔流不息。

当年孙权在青年时代，做了三军统帅。他能占据东南，坚持抗战，没有向敌人低头和屈服过。天下英雄谁是孙权的敌手呢？只有曹操和刘备而已。这样也就难怪曹操说："要是能有个孙权那样的儿子就好了！"

思维导图

破阵子·为陈同甫赋壮词以寄之

（南宋）辛弃疾

醉里挑灯看剑，梦回吹角连营。八百里分麾下炙，五十弦翻塞外声，沙场秋点兵。

马作的卢飞快，弓如霹雳弦惊。了却君王天下事，赢得生前身后名。可怜白发生！

醉梦里挑亮油灯观看宝剑，梦中回到了当年的各个营垒，接连响起号角声。把烤牛肉分给部下，乐队演奏北疆歌曲。这是秋天在战场上阅兵。

战马像的卢马一样跑得飞快，弓箭像惊雷一样，震耳离弦。（我）一心想替君主完成收复国家失地的大业，取得世代相传的美名。可怜已成了白发人！

思维导图

破阵子
为陈同甫赋壮词以寄之
壮
挑灯看剑
吹角连营
分麾下炙
翻塞外声
沙场秋点兵
马作的卢
弓如霹雳
了天下事
赢身后名
悲
白发生

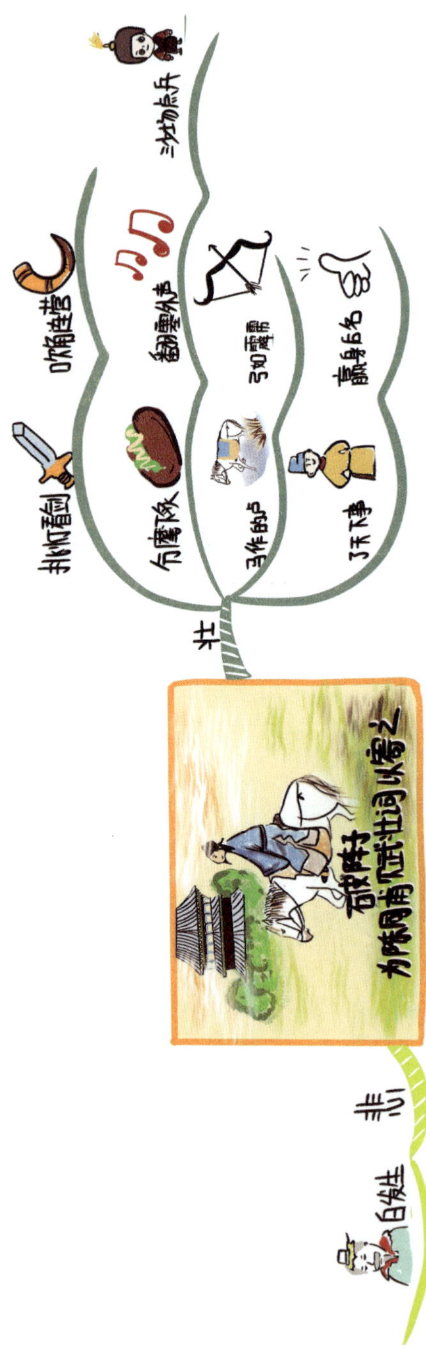

过零丁洋

（南宋）文天祥

辛苦遭逢起一经，干戈寥落四周星。
山河破碎风飘絮，身世浮沉雨打萍。
惶恐滩头说惶恐，零丁洋里叹零丁。
人生自古谁无死？留取丹心照汗青。

译文

回想我早年由科举入仕历尽辛苦，如今战火消歇已熬过了四个年头。

国家危在旦夕恰如狂风中的柳絮，自己一生的坎坷如雨中浮萍漂泊无根时起时沉。

惶恐滩的惨败让我至今依然惶恐，零丁洋身陷元虏可叹我孤苦零丁。

人生自古以来有谁能够长生不死？我要留一片爱国的丹心映照史册。

思维导图

天净沙·秋思

（元）马致远

枯藤老树昏鸦，
小桥流水人家，
古道西风瘦马。
夕阳西下，
断肠人在天涯。

天色黄昏，一群乌鸦落在枯藤缠绕的老树上，发出凄厉的哀鸣。

小桥下流水哗哗作响，小桥边庄户人家炊烟袅袅。

古道上一匹瘦马，顶着西风艰难地前行。

夕阳渐渐地失去了光泽，从西边落下。

凄寒的夜色里，只有孤独的旅人漂泊在遥远的地方。

思维导图

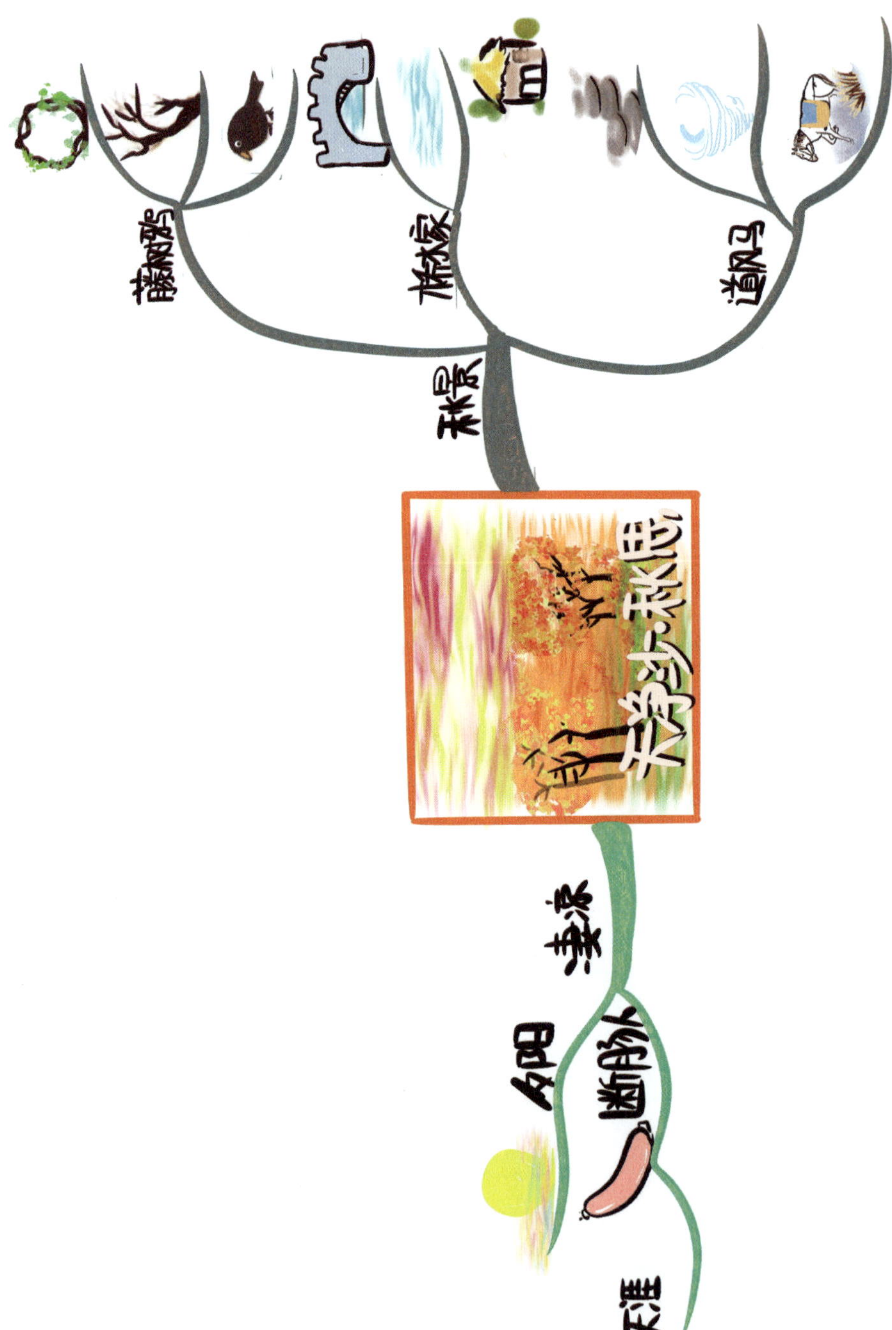

山坡羊·潼关怀古

（元）张养浩

峰峦如聚，波涛如怒，山河表里潼关路。望西都，意踌躇。

伤心秦汉经行处，宫阙万间都做了土。兴，百姓苦；亡，百姓苦！

（华山的）山峰从四面八方会聚，（黄河的）波涛像发怒似的汹涌。潼关外有黄河，内有华山，山河雄伟，地势险要。遥望古都长安，陷于思索之中。

从秦汉宫遗址经过，引发无限伤感，万间宫殿早已化作了尘土。一朝兴盛，百姓受苦；一朝灭亡，百姓依旧受苦。

思维导图

己亥杂诗·其五

（清）龚自珍

浩荡离愁白日斜，吟鞭东指即天涯。

落红不是无情物，化作春泥更护花。

浩浩荡荡的离别愁绪向着日落西斜的远处延伸， 离开北京，马鞭向东一挥，感觉就是人在天涯一般。

我辞官归乡，有如从枝头上掉下来的落花，但它不是无情之物，而是化成了春天的泥土，培育了下一代。

思维导图

满江红·小住京华

（清）秋瑾

小住京华，早又是，中秋佳节。为篱下，黄花开遍，秋容如拭。四面歌残终破楚，八年风味徒思浙。苦将侬，强派作蛾眉，殊未屑！

身不得，男儿列，心却比，男儿烈！算平生肝胆，因人常热。俗子胸襟谁识我？英雄末路当磨折。莽红尘，何处觅知音？青衫湿！

我在京城小住时日，转眼间就又到了中秋佳节。篱笆下面的菊花都已盛开，秋色明净，就像刚刚擦洗过一般。四面的歌声渐歇，我也终如汉之破楚，突破了家庭的牢笼，如今一个人思量着在浙江时那八年的生活况味。他们苦苦地想让我做一个贵妇人，其实，我是多么不屑啊！

今生我虽然不能身为男子，加入他们的行列，但是我的心，比男子的心还要刚烈。想想平日，我的一颗心，常为别人而热。那些俗人，心胸狭窄，怎么能懂我呢？英雄在无路可走的时候，难免要经受磨难挫折。在这莽莽红尘之中，哪里才能觅到知音呢？眼泪打湿了我的衣襟。

思维导图

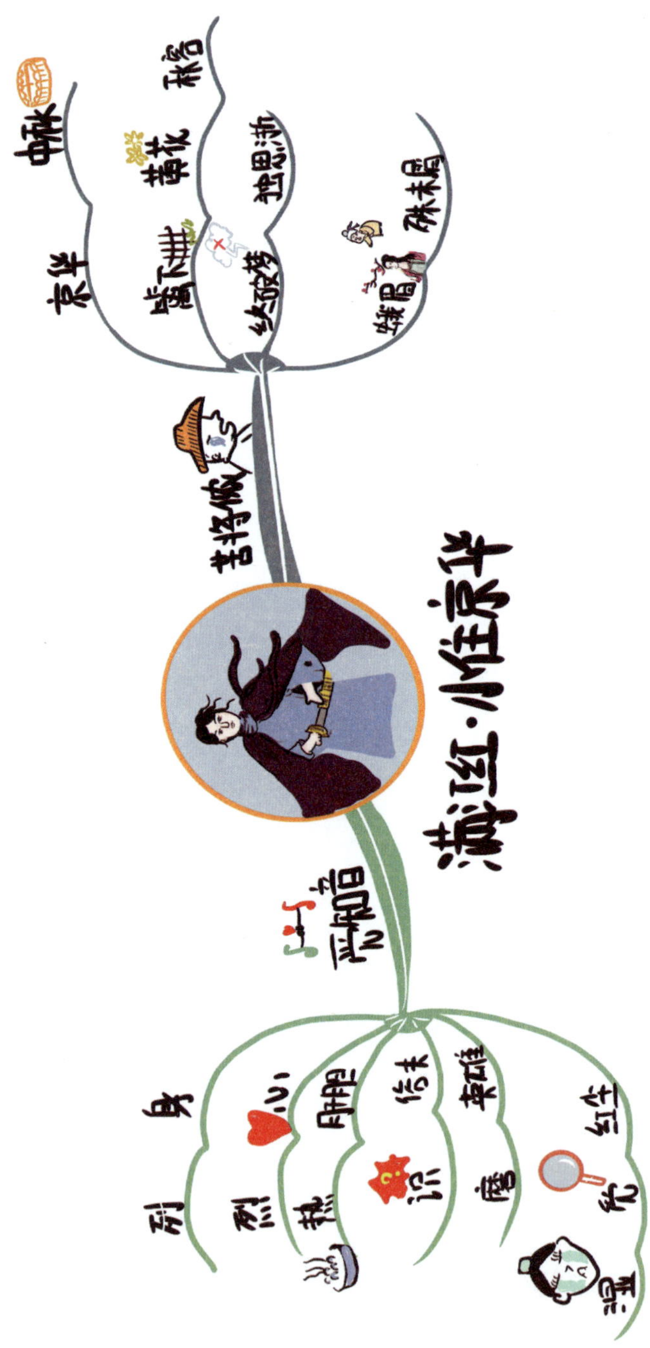

满江红·小住京华
苦将侬
京华
中秋
篱下
黄花
秋容
终破梦
独思浙
蛾眉
殊未屑
觅知音
列
身
烈
心
热
肝胆
识
俗夫
磨
英雄
红尘
湿

《论语》十二章

（清）秋瑾

（一）子曰：“学而时习之，不亦说乎？有朋自远方来，不亦乐乎？人不知而不愠，不亦君子乎？”　——《学而》

（二）曾子曰：“吾日三省吾身：为人谋而不忠乎？与朋友交而不信乎？传不习乎？”　——《学而》

（三）子曰：“吾十有五而志于学，三十而立，四十而不惑，五十而知天命，六十而耳顺，七十而从心所欲，不逾矩。”

——《为政》

（四）子曰：“温故而知新，可以为师矣。”　——《为政》

（五）子曰：“学而不思则罔，思而不学则殆。”——《为政》

（六）子曰：“贤哉，回也！一箪食，一瓢饮，在陋巷，人不堪其忧，回也不改其乐。贤哉，回也！”　——《雍也》

（七）子曰：“知之者不如好之者，好之者不如乐之者。”

——《雍也》

（八）子曰：“饭疏食，饮水，曲肱而枕之，乐亦在其中矣。不义而富且贵，于我如浮云。”　——《述而》

（九）子曰：“三人行，必有我师焉。择其善者而从之，其不善者而改之。”　——《述而》

（十）子在川上曰：“逝者如斯夫，不舍昼夜。”　——《子罕》

（十一）子曰："三军可夺帅也，匹夫不可夺志也。"

——《子罕》

（十二）子夏曰："博学而笃志，切问而近思，仁在其中矣。"

——《子张》

（一）孔子说："学了（知识）然后按一定的时间复习它，不也是很愉快吗？有志同道合的人从远方来，不也是很快乐吗？人家不了解我，我却不恼怒，不也是道德上有修养的人吗？"（《学而》）

（二）曾子说："我每天多次反省自己：替别人办事是不是尽心竭力了呢？同朋友交往是不是诚实可信了呢？老师传授的知识是不是复习了呢？"（《学而》）

（三）孔子说："我十五岁开始有志于做学问，三十岁能独立做事情，四十岁（遇事）能不迷惑，五十岁知道哪些是不能为人力所支配的事情，六十岁能听得进不同的意见，到七十岁才做事才能随心所欲，不会超过法度。"（《为政》）

（四）孔子说："温习学过的知识，可以从中获得新的理解与体会，那么就可以凭借这一点去做老师了。"（《为政》）

（五）孔子说："只学习却不思考，就会迷惑；只空想却不学习，就会疑惑。"（《为政》）

（六）孔子说："颜回的品质是多么高尚啊！一竹篮饭，一瓢水，住在简陋的小巷子里，别人都忍受不了这种穷困清苦，颜回却没有改变他好学的乐趣。颜回的品质是多么高尚啊！"（《雍也》）

（七）孔子说："知道学习的人比不上爱好学习的人；爱好学习的人比不上

以学习为乐趣的人。”（《雍也》）

（八）孔子说：“我整天吃粗粮，喝冷水，弯着胳膊做枕头，也自得其乐。用不正当的手段得来的富贵，我把它看作天上的浮云。”（《述而》）

（九）孔子说：“多个人同行，其中必定有人可以做我的老师。我选择他好的方面向他学习，看到他不善的方面就对照自己改正自己的缺点。”（《述而》）

（十）孔子在河边感叹道：“时光像流水一样消逝，日夜不停。”（《子罕》）

（十一）孔子说：“军队的主帅可以改变，普通人的志气却不可改变。”（《子罕》）

（十二）子夏说：“博览群书广泛学习，而且能坚守自己的志向，恳切地提问，多考虑当前的事，仁德就在其中了。”（《子张》）

思维导图

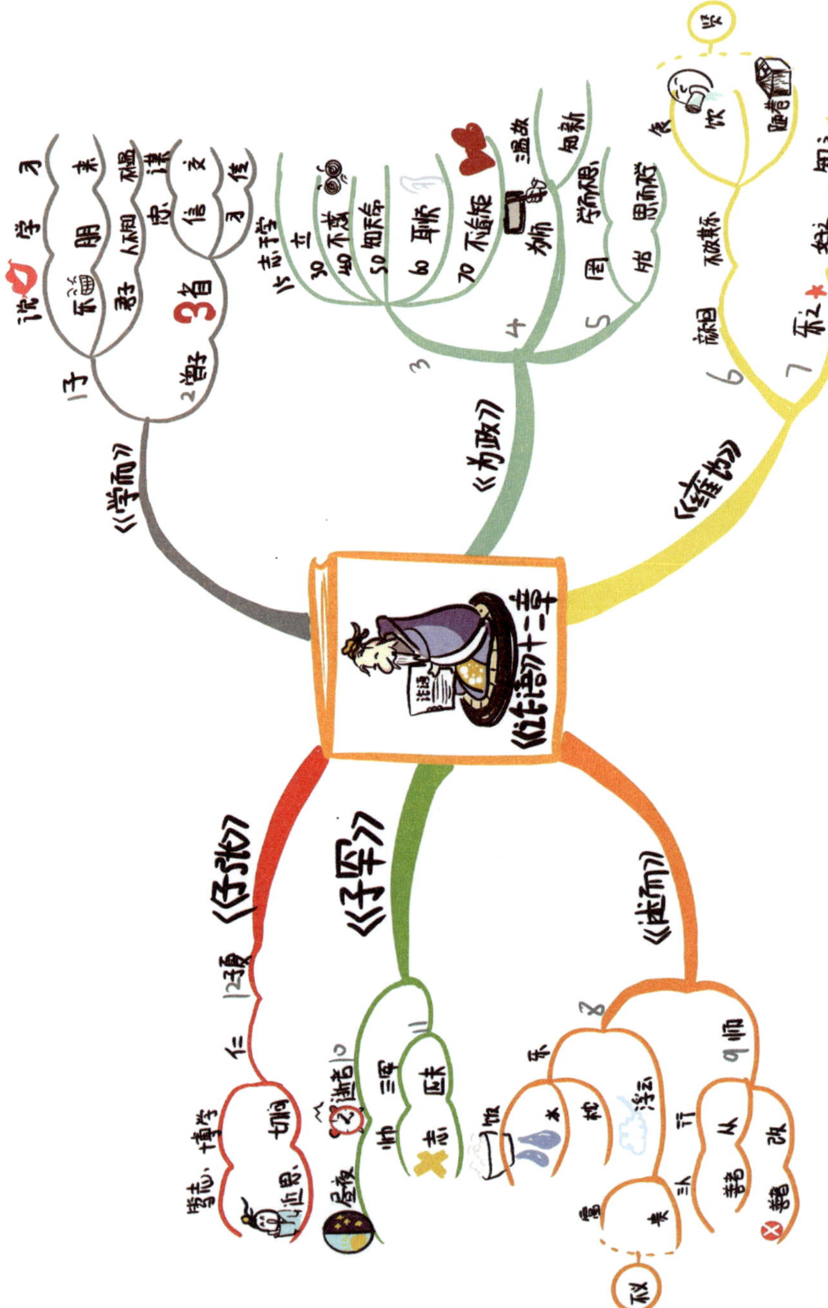

曹刿论战

《左传》

十年春，齐师伐我。公将战。曹刿请见。其乡人曰："肉食者谋之，又何间焉？"刿曰："肉食者鄙，未能远谋。"乃入见。问："何以战？"公曰："衣食所安，弗敢专也，必以分人。"对曰："小惠未徧，民弗从也。"公曰："牺牲玉帛，弗敢加也，必以信。"对曰："小信未孚，神弗福也。"公曰："小大之狱，虽不能察，必以情。"对曰："忠之属也。可以一战。战则请从。"

公与之乘，战于长勺。公将鼓之。刿曰："未可。"齐人三鼓。刿曰："可矣。"齐师败绩。公将驰之。刿曰："未可。"下视其辙，登轼而望之，曰："可矣。"遂逐齐师。

既克，公问其故。对曰："夫战，勇气也。一鼓作气，再而衰，三而竭。彼竭我盈，故克之。夫大国，难测也，惧有伏焉。吾视其辙乱，望其旗靡，故逐之。"

鲁庄公十年的春天，齐国军队攻打我们鲁国。鲁庄公将要迎战。曹刿请求拜见鲁庄公。他的同乡说："当权的人自会谋划这件事，你又何必参与呢？"曹刿说："当权的人目光短浅，不能深谋远虑。"于是入朝去见鲁庄公。曹刿问："您凭借什么作战？"鲁庄公说："衣食（这一类）养生的东西，我从来不敢独自专有，一定把它们分给身边的大臣。"曹刿回答说："这种小恩小惠不能遍及百姓，老百姓是不会顺从您的。”鲁庄公说：“祭祀用的猪牛羊和玉器、丝织品等祭品，我从来不敢虚报夸大数目，一定对上天说实话。”曹刿说：“小小信用，不能取得神灵的信任，神灵是不会保佑您的。”鲁庄公说：“大大小小的诉讼案件，即使不能一一明察，但我一定根据实情（合理裁决）。”曹刿回答说：“这才尽了本职一类的事，可以（凭借这个条件）打一仗。如果作战，请允许我跟随您一同去。”

到了那一天，鲁庄公和曹刿同坐一辆战车，在长勺和齐军作战。鲁庄公将要下令击鼓进军。曹刿说：“现在不行。”等到齐军三次击鼓之后。曹刿说：“可以击鼓进军了。”齐军大败。鲁庄公又要下令驾车马追逐齐军。曹刿说：“还不行。”说完就下了战车，察看齐军车轮碾出的痕迹，又登上战车，扶着车前横木远望齐军的队形，这才说：“可以追击了。”于是追击齐军。

打了胜仗后，鲁庄公问他取胜的原因。曹刿回答说：“作战，靠的是士气。第一次击鼓能够振作士兵们的士气，第二次击鼓士兵们的士气就开始低落了，第三次击鼓士兵们的士气就耗尽了。他们的士气已经消失而我军的士气正旺盛，所以才战胜了他们。像齐国这样的大国，他们的情况是难以推测的，怕他们在那里设有伏兵。后来我看到他们的车轮的痕迹混乱了，望见他们的旗帜倒下了，所以下令追击他们。”

思维导图

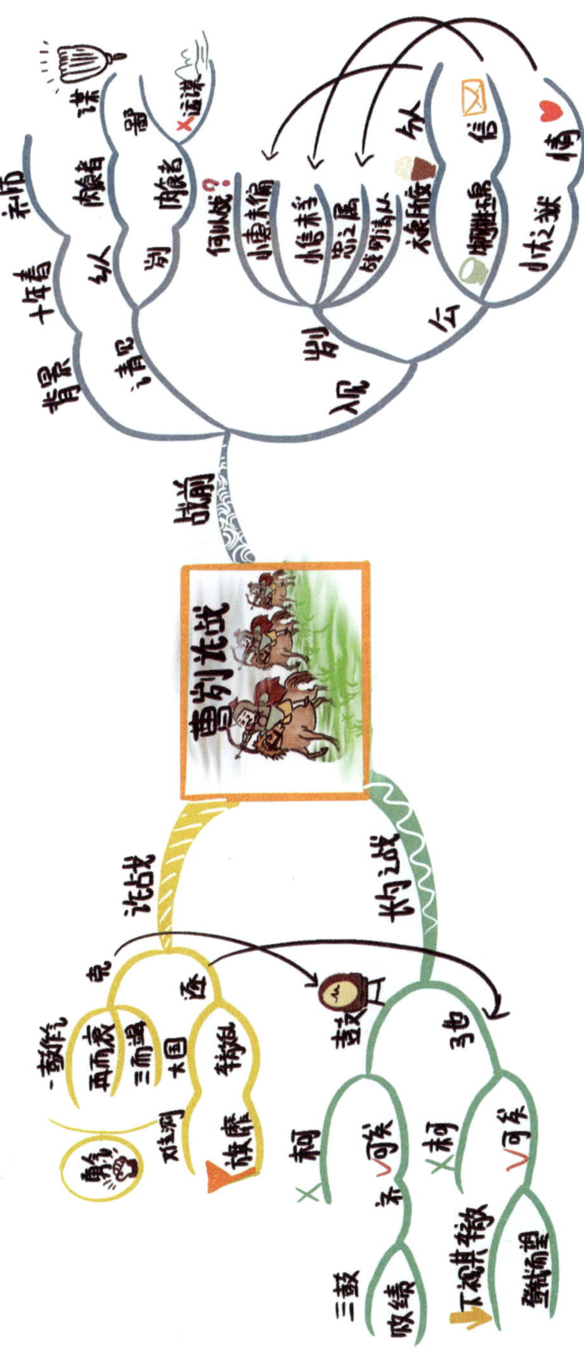

《孟子》三则

（一）鱼我所欲也

鱼，我所欲也；熊掌，亦我所欲也，二者不可得兼，舍鱼而取熊掌者也。生，亦我所欲也；义，亦我所欲也。二者不可得兼，舍生而取义者也。生亦我所欲，所欲有甚于生者，故不为苟得也；死亦我所恶，所恶有甚于死者，故患有所不辟也。如使人之所欲莫甚于生，则凡可以得生者何不用也？使人之所恶莫甚于死者，则凡可以辟患者何不为也？由是则生而有不用也，由是则可以辟患而有不为也。是故所欲有甚于生者，所恶有甚于死者。非独贤者有是心也，人皆有之，贤者能勿丧耳。

一箪食，一豆羹，得之则生，弗得则死。呼尔而与之，行道之人弗受；蹴尔而与之，乞人不屑也。

万钟则不辩礼义而受之，万钟于我何加焉！为宫室之美，妻妾之奉，所识穷乏者得我与？乡为身死而不受，今为宫室之美为之；乡为身死而不受，今为妻妾之奉为之；乡为身死而不受，今为所识穷乏者得我而为之：是亦不可以已乎？此之谓失其本心。

鱼是我所想要的，熊掌也是我所想要的，如果这两种东西不能同时得到，我

宁愿舍弃鱼而选取熊掌。生命也是我所想要的，道义也是我所想要的，如果这两种东西不能同时得到，我宁愿舍弃生命而选取道义。生命是我所喜爱的，但我所喜爱的还有胜过生命的东西，所以我不做苟且偷生的事；死亡是我所厌恶的，但我所厌恶的还有超过死亡的事，所以有的灾祸我不躲避。如果人们所喜爱的东西没有超过生命的，那么凡是能够用来求得生存的手段，有什么不可以使用呢？如果人们所厌恶的事情没有超过死亡的，那么凡是能够用来逃避灾祸的方法哪会不采用呢？采用这种做法就能够活命，可是有的人却不肯采用；采用这种办法就能够躲避灾祸，可是有的人也不肯采用。是因为有比生命更想要的，有比死亡更厌恶的。并非只是贤人有这种本性，人人都有，只是贤人能够不丧失罢了。

一碗饭，一碗汤，吃了就能活下去，不吃就会饿死。没有礼貌地吆喝着给别人吃，过路的饥民也不肯接受；用脚踢着或踩过给别人吃，乞丐也不愿意接受。

可是有的人见了优厚的俸禄却不分辨是否合乎礼仪就接受了，这样的优厚俸禄对我有什么好处呢？是为了住宅的华丽、妻妾的侍奉和熟识的穷人感激我吗？先前有的人宁肯死也不愿接受，现在有的人为了住宅的华丽却接受了；先前有的人宁肯死也不愿接受，现在有的人为了妻妾的侍奉却接受了；先前有的人宁肯死也不愿接受，现在有的人为了所认识的贫穷的人感激自己却接受了。这样看来这种做法不是可以停止了吗？这就叫作丧失了人所固有的羞恶廉耻之心。

思维导图

（二）富贵不能淫，贫贱不能移

景春曰："公孙衍、张仪，岂不诚大丈夫哉？一怒而诸侯惧，安居而天下熄。"孟子曰："是焉得为大丈夫乎？子未学礼乎？丈夫之冠也，父命之；女子之嫁也，母命之，往送之门，戒之曰：'往之女家，必敬必戒，无违夫子！'以顺为正者，妾妇之道也。居天下之广居，立天下之正位，行天下之大道。得志，与民由之；不得志，独行其道。富贵不能淫，贫贱不能移，威武不能屈。此之谓大丈夫。"

景春说："公孙衍和张仪难道不是真正的大丈夫吗？发起怒来，诸侯们都会害怕；安静下来，天下就会平安无事。"孟子说："这怎么能够叫大丈夫呢？你没有学过礼数吗？男子举行加冠礼的时候，父亲给予训导；女子出嫁的时候，母亲给予训导，送她到门口，告诫她说：'到了你丈夫家里，一定要恭敬，一定要谨慎，不要违背你的丈夫！'以顺从为原则的，是妾妇之道。至于大丈夫，则应该住在天下最宽广的住宅里，站在天下最正确的位置上，走天下最光明的大道。得志的时候，便与老百姓一同前进；不得志的时候，便独自坚持自己的原则。富贵不能使其骄奢淫逸，贫贱不能使其性情改变，威武不能使其屈服意志。这样才叫作大丈夫！"

思维导图

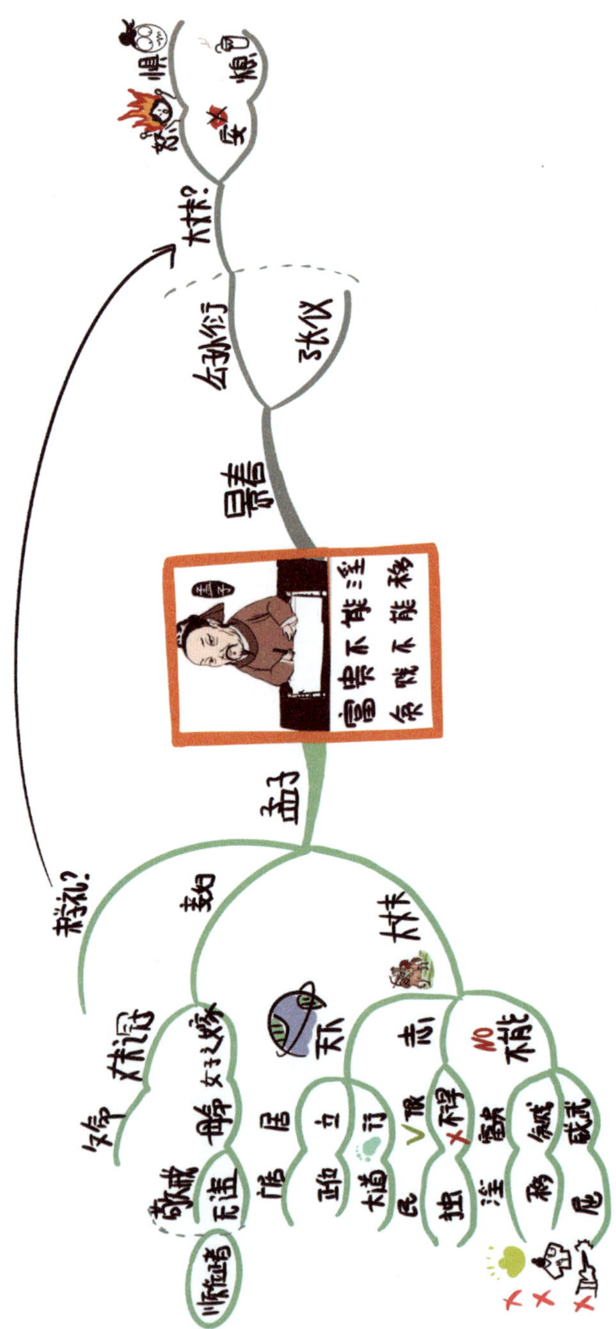

（三）天将降大任于是人也

舜发于畎亩之中，傅说举于版筑之间，胶鬲举于鱼盐之中，管夷吾举于士，孙叔敖举于海，百里奚举于市。故天将降大任于是人也，必先苦其心志，劳其筋骨，饿其体肤，空乏其身，行拂乱其所为，所以动心忍性，曾益其所不能。

人恒过，然后能改；困于心，衡于虑，而后作；征于色，发于声，而后喻。入则无法家拂士，出则无敌国外患者，国恒亡。然后知生于忧患而死于安乐也。

舜从田野之中被任用，傅说从筑墙工作中被举用，胶鬲从贩卖鱼盐的工作中被举用，管夷吾从刑徒被举用为相，孙叔敖从海边被举用进了朝廷，百里奚从市井中被举用登上了相位。所以，上天将要降重大使命给这样的人，一定要先使他的内心痛苦，使他的筋骨劳累，使他经受饥饿，以致肌肤消瘦，使他受贫困之苦，使他做事不顺利，通过那些来使他的内心受到震撼而警觉，使他的性格坚定，增加他不具备的才能。

人经常犯错误，然后才能改正；内心困苦，思虑阻塞，然后才能有所作为；这一切表现到脸色上，抒发到言语中，然后才会被人了解。一个国家在国内如果没有坚持法度的世臣和辅佐君主的贤士，在国外如果没有敌对国家和外患，便经常导致灭亡。这就可以说明，忧愁患害可以使人生存，而安逸享乐使人萎靡死亡。

思维导图

天将降大任于是人也
孟子
历史人物
舜
畎亩
傅说
版筑
胶鬲
鱼盐
管夷吾
士
孙叔敖
海
百里奚
市
增益
苦
心志
劳
筋骨
饿
体肤
空
身
行
所为
动心忍性
生死
人
过
改
困于心
衡于虑
作
征于色
发于声
喻
国
入
法家拂士
出
敌国外患
生于忧患
死于安乐

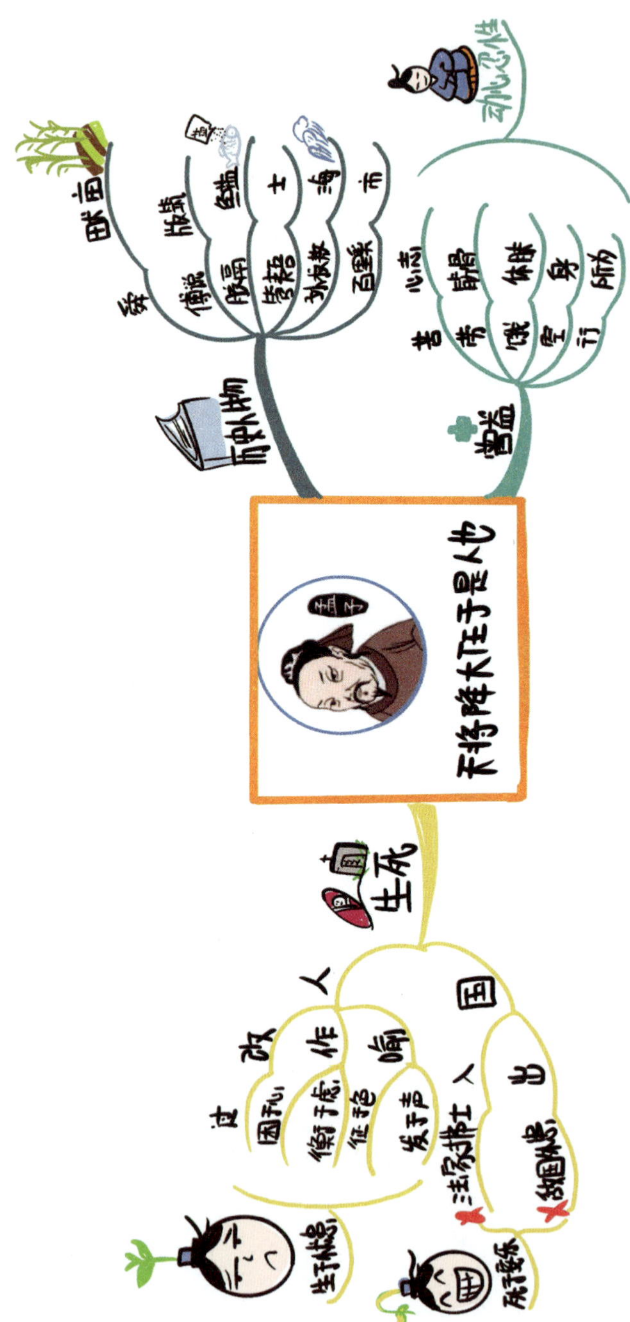

逍遥游（节选）

《庄子》一则

北冥有鱼，其名为鲲。鲲之大，不知其几千里也。化而为鸟，其名为鹏。鹏之背，不知其几千里也。怒而飞，其翼若垂天之云。是鸟也，海运则将徙于南冥。南冥者，天池也。

《齐谐》者，志怪者也。《谐》之言曰："鹏之徙于南冥也，水击三千里，抟扶摇而上者九万里，去以六月息者也。"野马也，尘埃也，生物之以息相吹也。天之苍苍，其正色邪？其远而无所至极邪？其视下也，亦若是则已矣。

北方的大海里有一条鱼，它的名字叫作鲲。鲲的体积，真不知道大到几千里；变化成为鸟，它的名字就叫鹏。鹏的脊背，真不知道长到几千里；当它奋起而飞的时候，那展开的双翅就像天边的云。这只鹏鸟呀，随着海上汹涌的波涛迁徙到南方的大海。南方的大海是个天然的大池。

《齐谐》是一部专门记载怪异事情的书。这本书上记载说："鹏鸟迁徙到南方的大海，翅膀拍击水面激起三千里的波涛，海面上急骤的狂风盘旋而上直冲九万里高空，离开北方的大海用了六个月的时间方才停歇下来。"春日林泽原野上蒸腾浮动犹如奔马的雾气，低空里沸沸扬扬的尘埃，都是大自然里各种生物的气息吹拂所致。天空是那么湛蓝湛蓝的，难道这就是它真正的颜色吗？抑或是高旷辽远没法看到它的尽头呢？鹏鸟在高空往下看，不过也就像这个样子罢了。

思维导图

虽有嘉肴

《礼记》一则

虽有嘉肴，弗食，不知其旨也；虽有至道，弗学，不知其善也。是故学然后知不足，教然后知困。知不足，然后能自反也；知困，然后能自强也。故曰：教学相长也。《兑命》曰："学学半。"其此之谓乎！

即使有美味的菜，如果不品尝它，就不知道它的鲜美所在；虽然有再好不过的道理，如果不去钻研理解，就不知道它的好处在哪里。所以学习之后才能知道自己的不足之处，只有教过别人以后才能发现自己的困惑之处。知道自己的不足之处，然后才能反省自己；知道自己的困惑不通之处，然后才能自我勉励。所以说：教和学是互相促进的，教别人，也能增长自己的学问。《兑命》说："教人是学习的一半。"大概说的就是这个道理吧。

思维导图

伯牙善鼓琴

《列子》一则

伯牙善鼓琴，钟子期善听。伯牙鼓琴，志在高山。钟子期曰："善哉！峨峨兮若泰山！"志在流水，钟子期曰："善哉！洋洋兮若江河！"伯牙所念，钟子期必得之。伯牙游于泰山之阴，卒逢暴雨，止于岩下；心悲，乃援琴而鼓之。初为霖雨之操，更造崩山之音。曲每奏，钟子期辄穷其趣。伯牙乃舍琴而叹曰："善哉，善哉，子之听夫！志想象犹吾心也。吾于何逃声哉？"

伯牙善于弹琴，钟子期善于聆听。伯牙弹琴，内心向往着登临高山。钟子期便说："好啊！巍峨雄壮如同泰山耸立！"内心向往着流水。钟子期便说："好啊！汪洋恣肆如同江河奔流！"只要是伯牙心中所念，钟子期必定能够领会。伯牙在泰山北麓游玩，突然遇上暴雨，就在岩石底下躲避；他心中十分悲苦，便取过琴来弹奏。起初弹奏的声调如同哀怨的大雨，接着更是奏出了山崩地裂一般的声音。每奏一支乐曲，钟子期都能立刻领会其中的奥妙之处。伯牙于是放下琴，感叹道："好啊，好啊，你每次听我弹琴，心里想到的就如同我想到的一样啊，我的琴声哪能逃过你的耳朵呢？"

思维导图

邹忌讽齐王纳谏

《战国策》

邹忌修八尺有余，而形貌昳丽。朝服衣冠，窥镜，谓其妻曰："我孰与城北徐公美？"其妻曰："君美甚，徐公何能及君也？"城北徐公，齐国之美丽者也。忌不自信，而复问其妾，曰："吾孰与徐公美？"妾曰："徐公何能及君也！"旦日，客从外来，与坐谈，问之客曰："吾与徐公孰美？"客曰："徐公不若君之美也。"明日，徐公来，孰视之，自以为不如；窥镜而自视，又弗如远甚。暮寝而思之，曰："吾妻之美我者，私我也；妾之美我者，畏我也；客之美我者，欲有求于我也。"

于是入朝见威王，曰："臣诚知不如徐公美。臣之妻私臣，臣之妾畏臣，臣之客欲有求于臣，皆以美于徐公。今齐地方千里，百二十城，宫妇左右莫不私王，朝廷之臣莫不畏王，四境之内莫不有求于王：由此观之，王之蔽甚矣。"

王曰："善。"乃下令："群臣吏民，能面刺寡人之过者，受上赏；上书谏寡人者，受中赏；能谤讥于市朝，闻寡人之耳者，受下赏。"令初下，群臣进谏，门庭若市；数月之后，时时而间进；期年之后，虽欲言，无可进者。

燕、赵、韩、魏闻之，皆朝于齐。此所谓战胜于朝廷。

译文

邹忌身高八尺多，而且身材魁梧，容貌美丽。有一天早晨他穿好衣服戴好帽子，照镜子，对他的妻子说：“我与城北徐公相比，哪一个美？”他的妻子说：“您美极了，徐公哪里能比得上您呢？”城北的徐公，是齐国的美男子。邹忌不相信自己会比徐公美，于是又问他的妾说：“我与徐公相比谁更美？”妾说：“徐公哪里能比得上您呢！”第二天，一位客人从外面来拜访，邹忌与他坐着闲谈，邹忌问客人说：“我和徐公谁更美？”客人说：“徐公不如您美啊。”第二天，徐公来了，邹忌仔细地端详他，自己认为不如徐公美；再照镜子看看自己，又觉得远不如人家。晚上，他躺在床上想这件事，说：“我的妻子认为我美的原因，是偏爱我；妾认为我美的原因，是惧怕我；客人认为我美的原因，是有事情想要求于我。”

因此邹忌上朝拜见齐威王，说：“我确实知道自己不如徐公美。可是我的妻子偏爱我，我的妾惧怕我，我的客人对我有所求，所以他们都认为我比徐公美。如今的齐国，土地方圆千里，有一百二十座城池，宫中的妃子及身边的侍从，没有不偏爱大王的；朝中的大臣，没有不惧怕您的；国内的百姓，没有不对大王有所求的。由此看来，大王受蒙蔽一定很深了！”

齐威王说：“好！”于是就下了一道命令：“所有大臣、官吏、百姓，能够当面批评我过错的人，得上等奖赏；能够上书劝谏我的人，得中等奖赏；能够在公共场所指责议论我的过失，只要让我听到，可得下等奖赏。”政令刚一下达，许多官员都来进言规劝，宫庭就像集市一样喧闹；几个月以后，有时偶尔还有人来进谏；满一年以后，即使想说，也没有什么可进谏的了。

燕、赵、韩、魏等国听说了这件事，都到齐国来朝见齐王。这就是内政修明，不需用兵就能战胜敌国。

思维导图

邹忌讽齐王纳谏
起因
形貌
八尺有余
昳丽
问答
问
邹忌
美
我
徐公
答
妻
君美甚
妾
何能及君
客
不若君美
孰知
不如
远甚
思
妻
私
妾
畏
客
求
经过
讽
臣
王
私
宫妇
畏
朝臣
求
四境之内
蔽甚
纳谏
赏
上
面刺
中
上书
下
谤讥
量
初下令
门庭若市
数月后
时时而间进
期年后
无可进
结果
朝齐
燕
赵
韩
战胜于朝廷

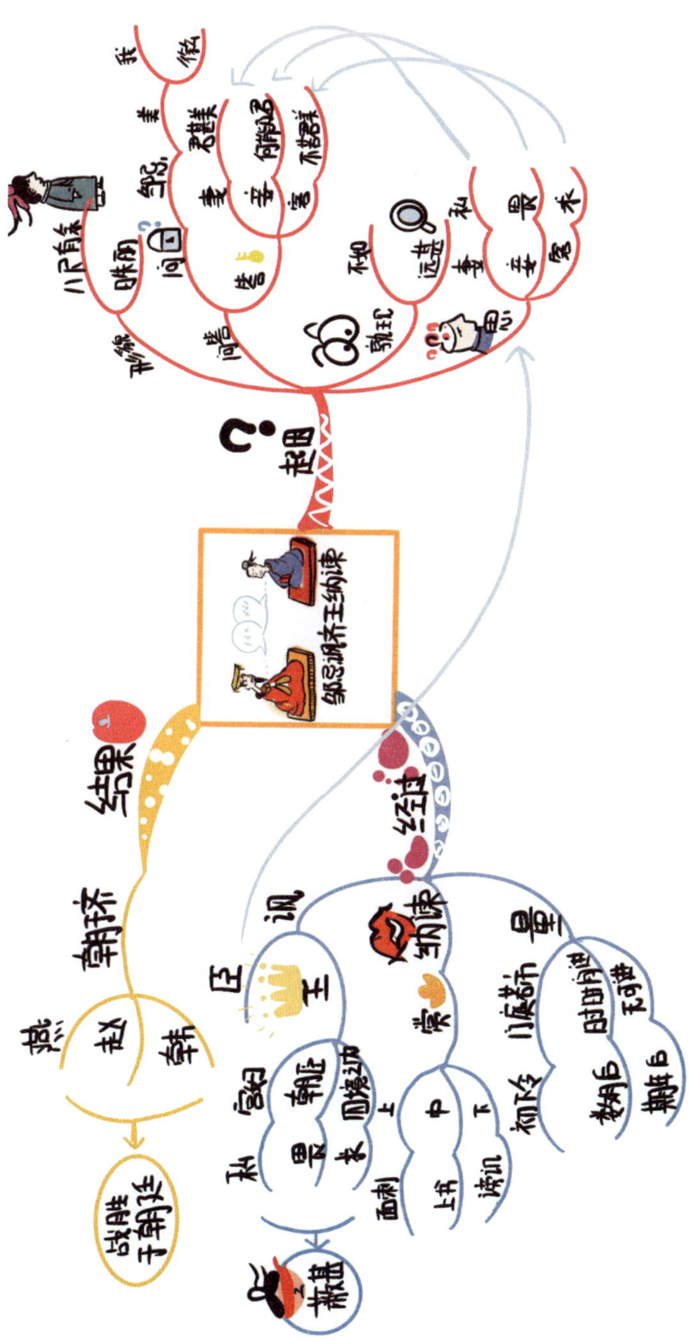

出师表

（三国）诸葛亮

先帝创业未半而中道崩殂，今天下三分，益州疲弊，此诚危急存亡之秋也。然侍卫之臣不懈于内，忠志之士忘身于外者，盖追先帝之殊遇，欲报之于陛下也。诚宜开张圣听，以光先帝遗德，恢弘志士之气，不宜妄自菲薄，引喻失义，以塞忠谏之路也。

宫中府中，俱为一体；陟罚臧否，不宜异同。若有作奸犯科及为忠善者，宜付有司论其刑赏，以昭陛下平明之理；不宜偏私，使内外异法也。

侍中、侍郎郭攸之、费祎、董允等，此皆良实，志虑忠纯，是以先帝简拔以遗陛下。愚以为宫中之事，事无大小，悉以咨之，然后施行，必能裨补阙漏，有所广益。

将军向宠，性行淑均，晓畅军事，试用于昔日，先帝称之曰能，是以众议举宠为督。愚以为营中之事，悉以咨之，必能使行阵和睦，优劣得所。

亲贤臣，远小人，此先汉所以兴隆也；亲小人，远贤臣，此后汉所以倾颓也。先帝在时，每与臣论此事，未尝不叹息痛恨于桓、灵也。侍中、尚书、长史、参军，此悉贞良死节之臣，愿陛下亲之、信之，则汉室之隆，可计日而待也。

臣本布衣，躬耕于南阳，苟全性命于乱世，不求闻达于诸侯。

先帝不以臣卑鄙，猥自枉屈，三顾臣于草庐之中，咨臣以当世之事，由是感激，遂许先帝以驱驰。后值倾覆，受任于败军之际，奉命于危难之间，尔来二十有一年矣。

先帝知臣谨慎，故临崩寄臣以大事也。受命以来，夙夜忧叹，恐托付不效，以伤先帝之明，故五月渡泸，深入不毛。今南方已定，兵甲已足，当奖率三军，北定中原，庶竭驽钝，攘除奸凶，兴复汉室，还于旧都。此臣所以报先帝而忠陛下之职分也。至于斟酌损益，进尽忠言，则攸之、祎、允之任也。

愿陛下托臣以讨贼兴复之效，不效，则治臣之罪，以告先帝之灵。若无兴德之言，则责攸之、祎、允等之慢，以彰其咎；陛下亦宜自谋，以咨诹善道，察纳雅言，深追先帝遗诏。臣不胜受恩感激。

今当远离，临表涕零，不知所言。

先帝开创的大业未完成一半却中途去世了。现在天下分为三国，益州地区民力匮乏，这确实是国家危急存亡的时期啊。不过宫廷里侍从护卫的官员不懈怠，战场上忠诚有志的将士们奋不顾身，大概是他们追念先帝对他们的特别的知遇之恩（作战的原因），想要报答在陛下您身上。（陛下）您实在应该扩大圣明的听闻，来发扬光大先帝遗留下来的美德，振奋有远大志向的人的志气，不应当随便看轻自己，说不恰当的话，以致堵塞人们忠心地进行规劝的言路。

皇宫中和朝廷里的大臣，本都是一个整体，奖惩功过、好坏，不应该有所不同。如果有做奸邪事情、犯科条法令和忠心做善事的人，应当交给主管官员，判定他们受罚或者受赏，来显示陛下公正严明的治理，而不应当有偏袒和私心，使宫内和朝廷奖罚方法不同。

侍中、侍郎郭攸之、费祎、董允等人，这些都是善良诚实的人，他们的志向和心思忠诚无二，因此先帝把他们选拔出来辅佐陛下。我认为宫中（所有的）事情，无论事情大小，都拿来跟他们商量，这样以后再去实施，一定能够弥补缺点和疏漏之处，可以获得很多的好处。

将军向宠，性格和品行善良公正，精通军事，从前任用时，先帝称赞说他有才干，因此大家评议举荐他做中部督。我认为军队中的事情，都拿来跟他商讨，就一定能使军队团结一心，好的差的各自找到他们的位置。

亲近贤臣，疏远小人，这是西汉之所以兴隆的原因；亲近小人，疏远贤臣，这是东汉之所以衰败的原因。先帝在世的时候，每逢跟我谈论这些事情，没有一次不对桓、灵二帝的做法感到叹息痛心遗憾的。侍中、尚书、长史、参军，这些人都是忠贞诚实、能够以死报国的忠臣，希望陛下亲近他们，信任他们，那么汉朝的兴隆就指日可待了。

我本来是平民，在南阳务农亲耕，在乱世中苟且保全性命，不奢求在诸侯之中出名。先帝不因为我身份卑微、见识短浅，降低身份委屈自己，三次去我的茅庐拜访我，征询我对时局大事的意见，我因此有所感而情绪激动，就答应为先帝奔走效劳。后来遇到兵败，在兵败的时候接受任务，在危机患难之间奉行使命，那时以来已经有二十一年了。

先帝知道我做事小心谨慎，所以临终时把国家大事托付给我。接受遗命以来，我早晚忧愁叹息，只怕先帝托付给我的大任不能实现，以致损伤先帝的知人之明，所以我五月渡过泸水，深入到人烟稀少的地方。现在南方已经平定，兵员装备已经充足，应当激励、率领全军将士向北方进军，平定中原，希望用尽我平庸的才能，铲除奸邪凶恶的敌人，恢复汉朝的基业，回到旧日的国都。这就是我用来报答先帝，并且尽忠陛下的职责本分。至于处理事务，斟酌情理，有所兴革，毫无保留地进献忠诚的建议，那就是郭攸之、费祎、董允等人的责任了。

希望陛下能够把讨伐曹魏，兴复汉室的任务托付给我，如果没有成功，就惩治我的罪过，（从而）用来告慰先帝的在天之灵；如果没有振兴圣德的建议，就责罚郭攸之、费祎、董允等人的怠慢，来揭示他们的过失；陛下也应自行谋划，征求、询问治国的好道理，采纳正确的言论，深切追念先帝临终留下的教诲。我感激不尽。

今天（我）将要告别陛下远行了，面对这份奏表禁不住热泪纵横，也不知说了些什么。

思维导图

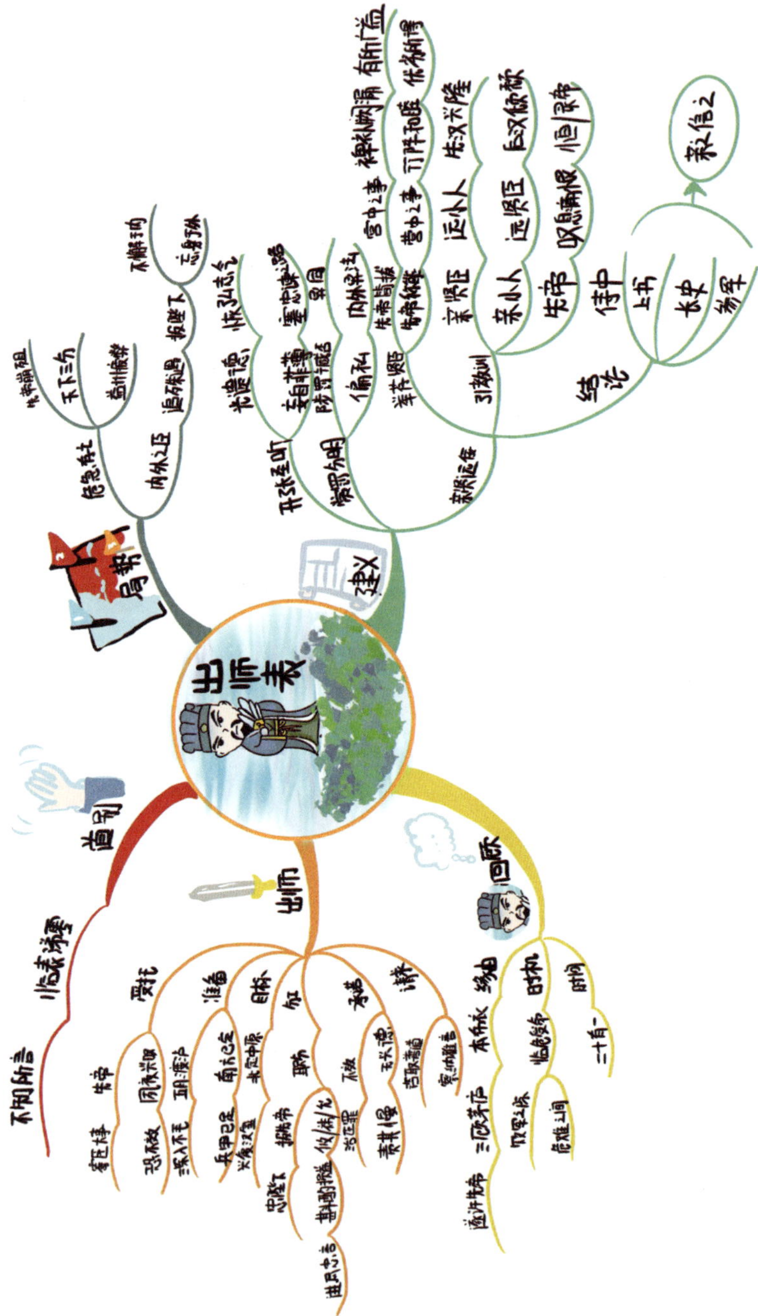

桃花源记

（东晋）陶渊明

晋太元中，武陵人捕鱼为业。缘溪行，忘路之远近。忽逢桃花林，夹岸数百步，中无杂树，芳草鲜美，落英缤纷。渔人甚异之。复前行，欲穷其林。

林尽水源，便得一山，山有小口，仿佛若有光。便舍船，从口入。初极狭，才通人。复行数十步，豁然开朗。土地平旷，屋舍俨然，有良田美池桑竹之属。阡陌交通，鸡犬相闻。其中往来种作，男女衣着，悉如外人。黄发垂髫，并怡然自乐。

见渔人，乃大惊，问所从来。具答之。便要还家，设酒杀鸡作食。村中闻有此人，咸来问讯。自云先世避秦时乱，率妻子邑人来此绝境，不复出焉，遂与外人间隔。问今是何世，乃不知有汉，无论魏晋。此人一一为具言所闻，皆叹惋。余人各复延至其家，皆出酒食。停数日，辞去。此中人语云：“不足为外人道也。”

既出，得其船，便扶向路，处处志之。及郡下，诣太守，说如此。太守即遣人随其往，寻向所志，遂迷，不复得路。

南阳刘子骥，高尚士也，闻之，欣然规往。未果，寻病终。后遂无问津者。

东晋太元年间，武陵有个人以打鱼为生。一天他沿着溪水划船，忘记了路程

的远近。忽然遇到一片桃林，在小溪两岸几百步之内，中间没有别的树，花草鲜嫩美丽，地上的落花繁多交杂。渔人对此感到十分诧异。于是继续往前走，想要走到林子的尽头。

桃林的尽头就是溪水的源头，渔人发现了一座小山，山上有个小洞口，洞里隐隐约约的好像有点光亮。渔人便舍弃了船，从洞口进去。最初，山洞很狭窄，只容一个人通过；又走了几十步，突然变得开阔明亮了。一片平坦宽广的土地，一排排整齐的房舍，还有肥沃的田地、美丽的池塘，有桑树、竹林这类的植物。田间小路交错相通，鸡鸣狗吠的声音此起彼伏。在田野里来来往往耕种劳作的人们，男女的穿着打扮和外面的人都一样。老人和小孩，都怡然并自得其乐。

村里的人看见了渔人，感到非常惊讶，问他是从哪儿来的。渔人把自己知道的事都详细地做了回答。村中人就邀请渔人到自己家里去，摆了酒、杀了鸡做饭来款待他。村子里的人听说来了这么一个人，都来打听消息。他们自己说他们的祖先为了躲避秦时的战乱，领着妻子儿女和乡邻们来到这个与世人隔绝的地方，不再从这里出去，所以跟桃花源外面的人断绝了来往。这里的人问如今是什么朝代，他们竟然不知道有过汉朝，更不用说魏、晋两朝了。渔人把自己所知道的事一一详细地告诉了他们。听完，他们都感叹惋惜。其余的人各自又把渔人邀请到自己家中，拿出酒菜来款待他。渔人逗留了几天后，向村里人告辞。村里的人告诉他："这里的情况不值得对桃花源外的人说啊。"

渔人出来以后，找到了他的船，就顺着来时的路回去，处处都做了记号。他到了郡城，去拜见太守，说了这番经历。太守立即派人跟着他去，寻找先前所做的记号，最终迷路了，再也找不到通往桃花源的路了。

南阳有个名叫刘子骥的人，是位高尚的读书人，他听到这个消息，高兴地计划着前往桃花源。但是没有实现，他不久就病死了。后来就再也没有探访桃花源的人了。

思维导图

桃花源记
发现
背景
晋太元中
武陵人
缘溪行
进入
山口
村中人
渔人
初极狭
豁然开朗
土地
屋舍
良田
美池
桑竹
阡陌
鸡犬
种作
衣着
黄发垂髫
怡然自乐
问所从来
设酒杀鸡
还家
问讯
不知有汉
无论魏晋
离开
渔人
太守
刘子骥
往规
未果

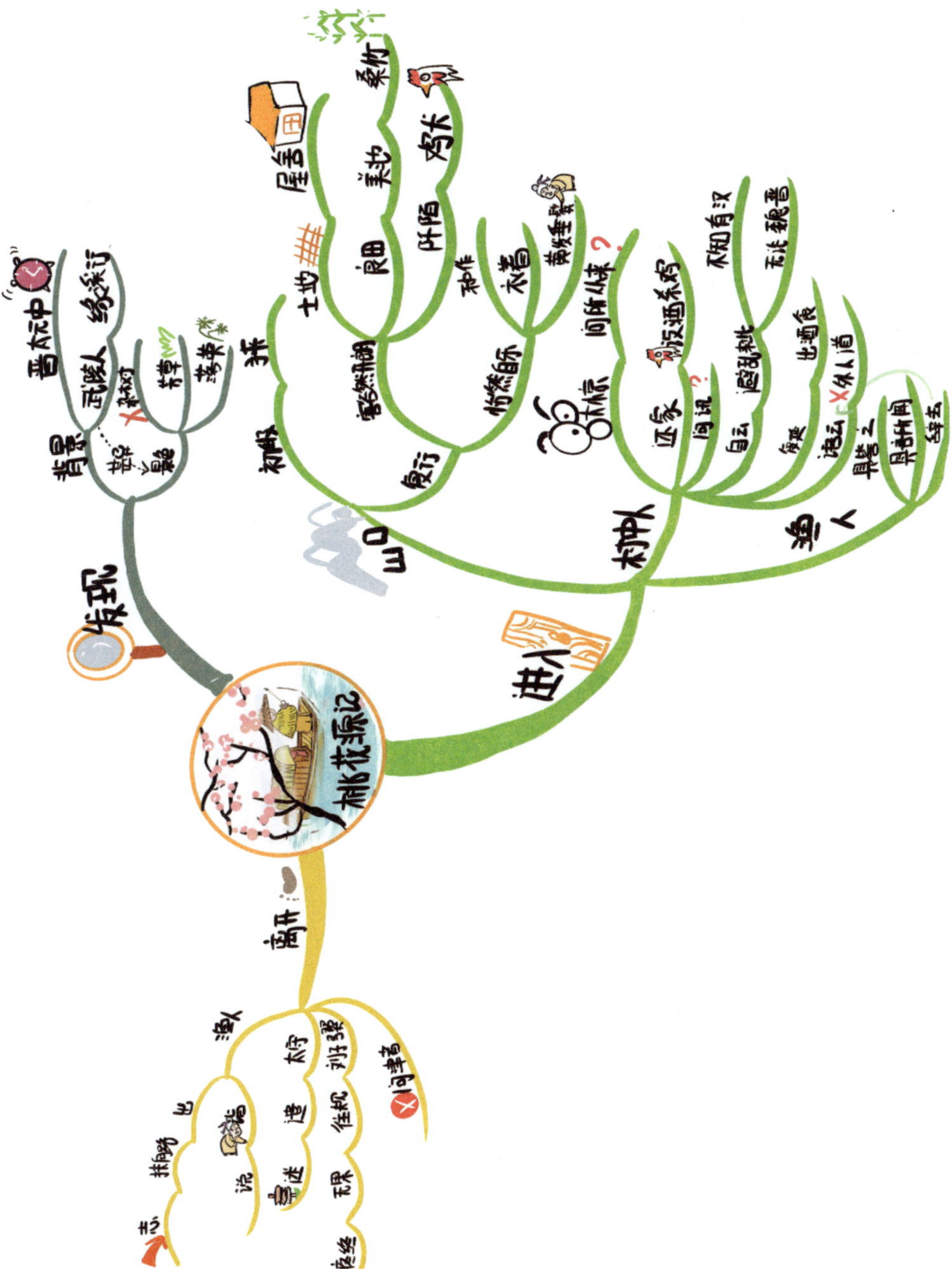

答谢中书书

（南朝）陶弘景

山川之美，古来共谈。高峰入云，清流见底。两岸石壁，五色交辉。青林翠竹，四时俱备。晓雾将歇，猿鸟乱鸣；夕日欲颓，沉鳞竞跃。实是欲界之仙都。自康乐以来，未复有能与其奇者。

山川景色的美丽，自古以来就是文人雅士共同欣赏赞叹的。巍峨的山峰耸入云端，明净的溪流清澈见底。两岸的石壁色彩斑斓，交相辉映。青葱的林木，翠绿的竹丛，四季常存。清晨的薄雾将要消散的时候，传来猿、鸟此起彼伏的鸣叫声；夕阳快要落山的时候，潜游在水中的鱼儿争相跳出水面。这里实在是人间的仙境啊。自从南朝的谢灵运以来，就再也没有人能够欣赏这种奇丽的景色了。

思维导图

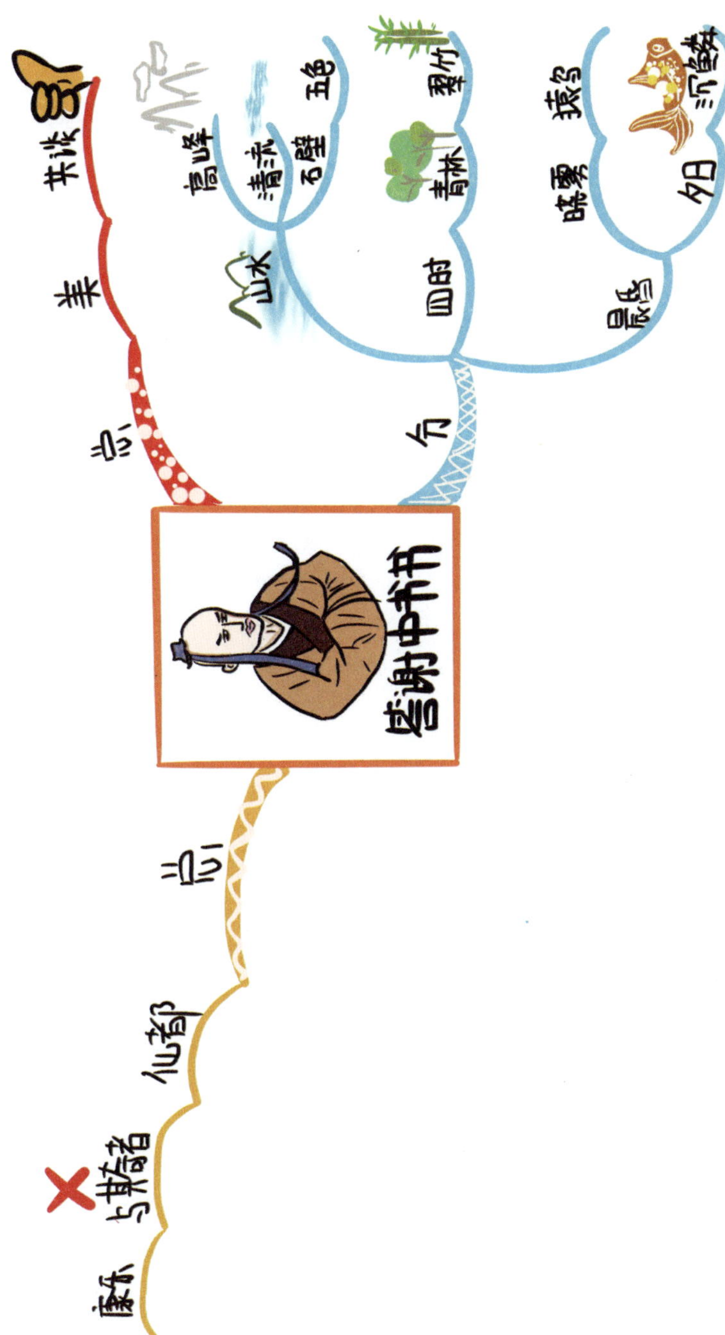

三　峡

（北魏）郦道元

自三峡七百里中，两岸连山，略无阙处。重岩叠嶂，隐天蔽日，自非亭午夜分，不见曦月。

至于夏水襄陵，沿溯阻绝。或王命急宣，有时朝发白帝，暮到江陵，其间千二百里，虽乘奔御风，不以疾也。

春冬之时，则素湍绿潭，回清倒影。绝巘多生怪柏，悬泉瀑布，飞漱其间，清荣峻茂，良多趣味。

每至晴初霜旦，林寒涧肃，常有高猿长啸，属引凄异，空谷传响，哀转久绝。故渔者歌曰："巴东三峡巫峡长，猿鸣三声泪沾裳。"

在三峡七百里之间，两岸都是连绵的高山，完全没有中断的地方；重重叠叠的悬崖峭壁，遮挡了天空和太阳，若不是在正午半夜的时候，连太阳和月亮都看不见。

等到夏天水涨，江水漫上小山丘的时候，下行或上行的船只都被阻挡了，不能通航。有时候皇帝的命令要紧急传达，这时只要早晨从白帝城出发，傍晚就到了江陵，这中间有一千二百里，即使骑上飞奔的马，驾着疾风，也不如它快。

等到春天和冬天的时候，就可以看见白色的急流，回旋的清波，碧绿的潭水倒映着各种景物的影子。极高的山峰上生长着许多奇形怪状的柏树，山峰之间有悬泉瀑布飞流冲荡。水清，树荣，山高，草盛，确实趣味无穷。

在秋天，每到初晴的时候或下霜的早晨，树林和山涧显出一片清凉和寂静，经常有高处的猿猴拉长声音鸣叫，声音持续不断，非常凄凉怪异，空荡的山谷里传来猿叫的回声，悲哀婉转，很久才消失。所以三峡中渔民的歌谣唱道：“巴东三峡巫峡长，猿鸣三声泪沾裳。”

思维导图

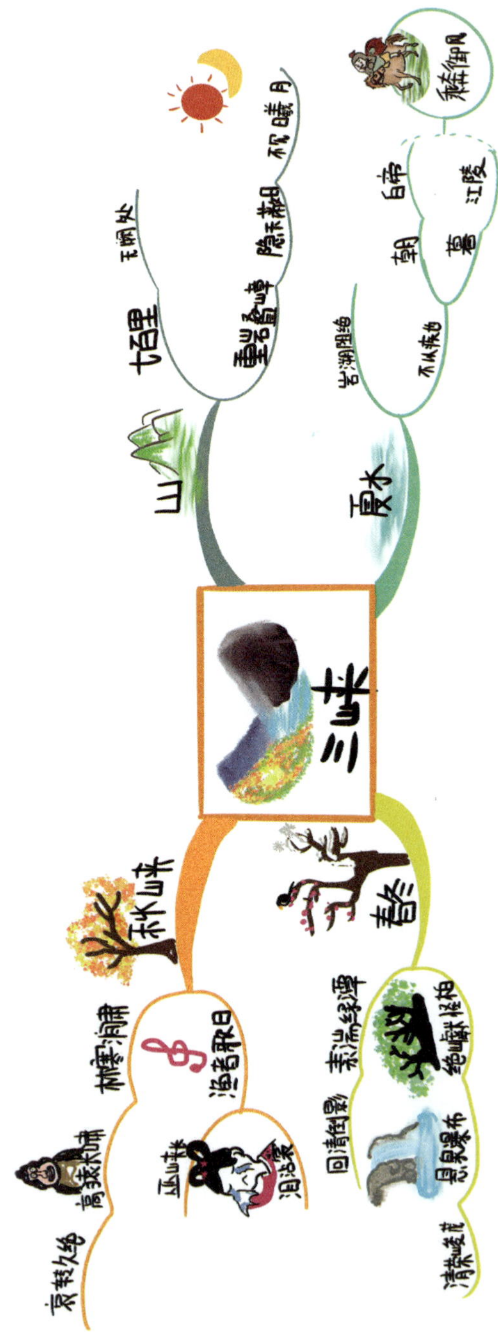

三峡
山
七百里
重岩叠嶂
隐天蔽日
夏水
沿溯阻绝
不以疾也
朝
白帝
暮
江陵
乘奔御风
春冬
素湍绿潭
回清倒影
悬泉瀑布
清荣峻茂
秋
林寒涧肃
高猿长啸
哀转久绝
渔者歌曰
泪沾裳

马 说

（唐）韩愈

世有伯乐，然后有千里马。千里马常有，而伯乐不常有。故虽有名马，祇辱于奴隶人之手，骈死于槽枥之间，不以千里称也。

马之千里者，一食或尽粟一石。食马者不知其能千里而食也。是马也，虽有千里之能，食不饱，力不足，才美不外见，且欲与常马等不可得，安求其能千里也？

策之不以其道，食之不能尽其材，鸣之而不能通其意，执策而临之，曰：“天下无马！”呜呼！其真无马邪？其真不知马也！

世上先有伯乐，然后有千里马。千里马经常有，但是伯乐不常有。所以即使有名贵的马，只是辱没在仆役的手中，跟普通的马一同死在槽枥之间，不以千里马著称。

日行千里的马，吃一顿有时能吃完一石粮食。喂马的人不知道它能日行千里而像喂普通的马一样来喂养它。这样的马，虽然有日行千里的能力，但吃不饱，力气不足，才能和美德不能表现在外面。想要和普通的马一样尚且做不到，怎么能够要求它日行千里呢？

不按照驱使千里马的正确方法鞭打它，喂养它却不能竭尽它的才能，听千里马嘶鸣，却不能通晓它的意思，拿着鞭子面对它，说：“天下没有千里马！”唉，难道真的没有千里马吗？大概是真的不认识千里马吧！

思维导图

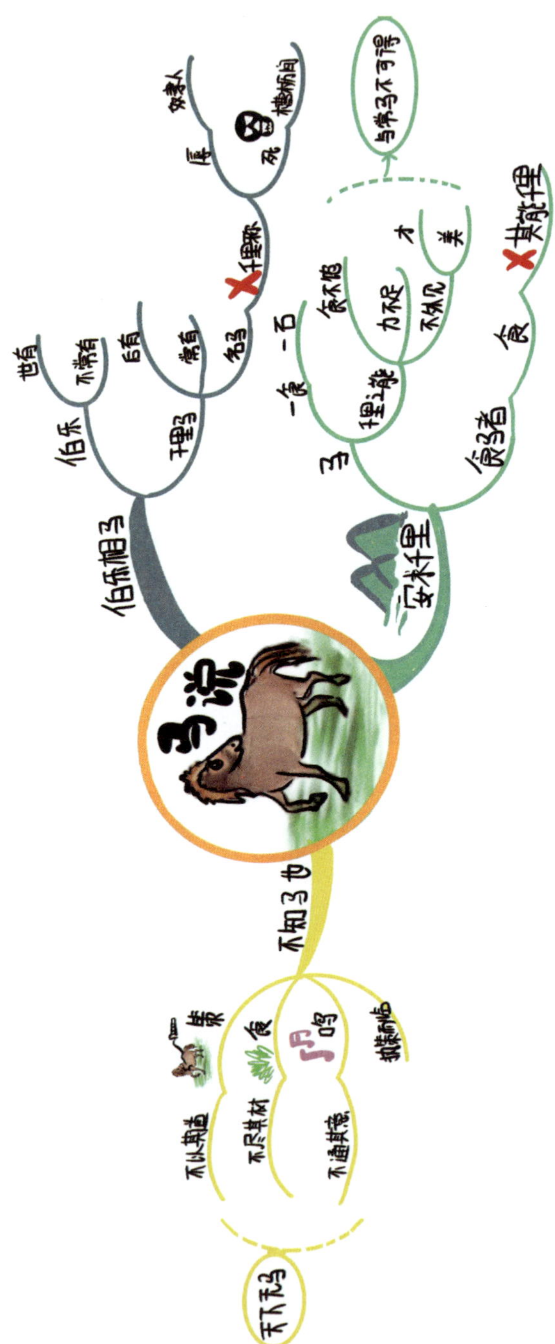

陋室铭

（唐）刘禹锡

山不在高，有仙则名。水不在深，有龙则灵。斯是陋室，惟吾德馨。苔痕上阶绿，草色入帘青。谈笑有鸿儒，往来无白丁。可以调素琴，阅金经。无丝竹之乱耳，无案牍之劳形。南阳诸葛庐，西蜀子云亭。孔子云：何陋之有？

山不在于高，有了神仙就出名。水不在于深，有了龙就显得有了灵气。这是简陋的房子，只是我品德好就感觉不到简陋了。长在台阶上的苔痕颜色碧绿，草色青葱，映入帘中。到这里谈笑的都是知识渊博的大学者，交往的没有知识浅薄的人，可以弹奏不加装饰的古琴，阅读佛经。没有奏乐的声音扰乱双耳，没有官府的公文使身体劳累。南阳有诸葛亮的草庐，西蜀有扬子云的亭子。孔子说：有什么简陋的呢？

思维导图

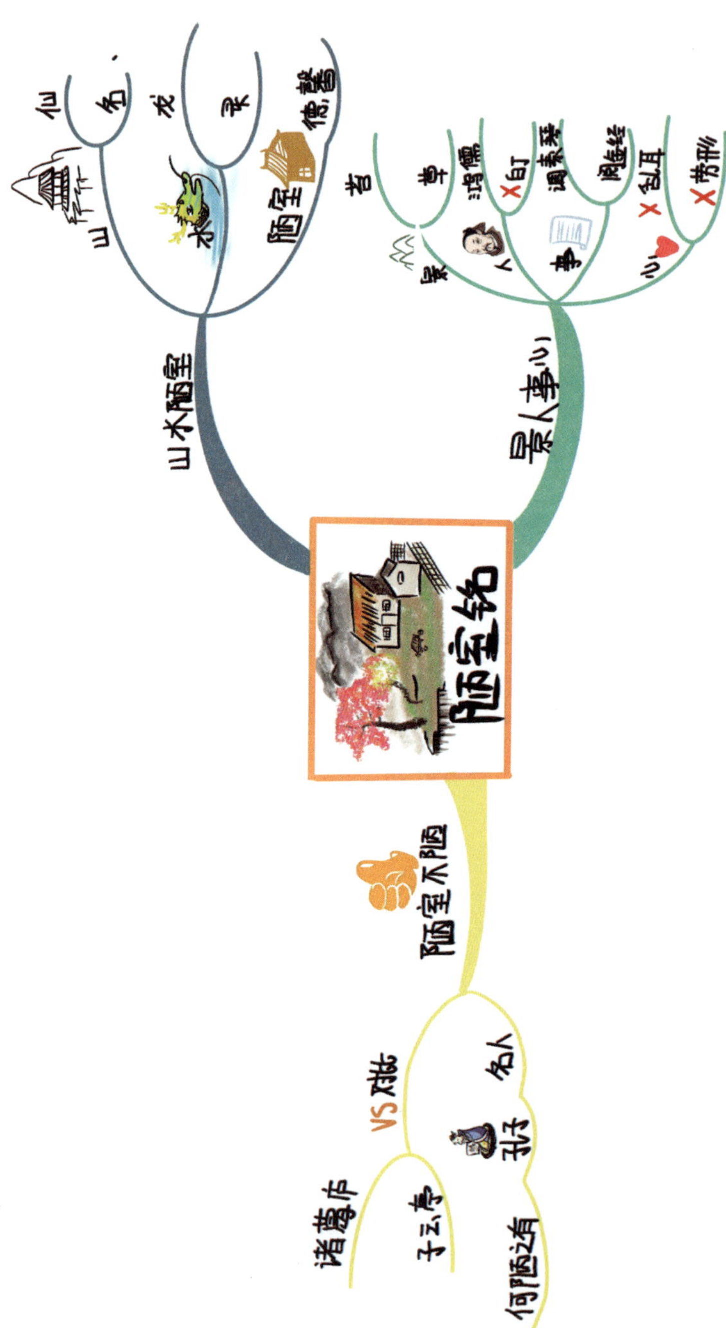

陋室铭
山水陋室
山
仙
名
水
龙
灵
陋室
德馨
景人事心
景
苔
草
人
鸿儒
白丁
事
调素琴
阅金经
心
乱耳
劳形
陋室不陋
VS对比
名人
诸葛庐
子云亭
孔子
何陋之有

小石潭记

（唐）柳宗元

从小丘西行百二十步，隔篁竹，闻水声，如鸣珮环，心乐之。伐竹取道，下见小潭，水尤清冽。全石以为底，近岸，卷石底以出，为坻，为屿，为嵁，为岩。青树翠蔓，蒙络摇缀，参差披拂。

潭中鱼可百许头，皆若空游无所依。日光下澈，影布石上。佁然不动，俶尔远逝，往来翕忽。似与游者相乐。

潭西南而望，斗折蛇行，明灭可见。其岸势犬牙差互，不可知其源。

坐潭上，四面竹树环合，寂寥无人，凄神寒骨，悄怆幽邃。以其境过清，不可久居，乃记之而去。

同游者：吴武陵，龚古，余弟宗玄。隶而从者，崔氏二小生：曰恕己，曰奉壹。

从小丘向西走一百二十多步，隔着竹林，可以听到水声，就像人身上佩戴的佩环相碰击发出的声音，我心里感到高兴。砍倒竹子，开辟出一条道路走过去，沿路走下去看见一个小潭，潭水格外清凉。小潭以整块石头为底，靠近岸边，石底有些部分翻卷过来露出水面，形成了水中高地、小岛、不平的岩石和石岩等各种不同的形状。青翠的树木，翠绿的藤蔓，遮掩缠绕，摇动下垂，参差不齐，随风飘拂。

潭中的鱼有一百来条，都好像在空中游动，什么依靠都没有。阳光直射到水底，鱼的影子映在石上，呆呆地停在那里一动不动，忽然间又向远处游去了，来来往往，轻快敏捷，好像和游玩的人互相取乐。

向小石潭的西南方望去，看到溪水像北斗星那样曲折，水流像蛇那样蜿蜒前行，时而看得见，时而看不见。两岸的地势像狗的牙齿那样相互交错，不知道溪水的源头。

我坐在潭边，四面环绕合抱着竹林和树林，寂静寥落，空无一人，使人感到心情凄凉，寒气入骨，幽静深远，弥漫着忧伤的气息。因为这里的环境太凄清，不可长久停留，于是记下了这里的情景就离开了。

一起去游玩的人有吴武陵、龚古、我的弟弟宗玄。跟着同去的有姓崔的两个年轻人：一个叫作恕己，一个叫作奉壹。

思维导图

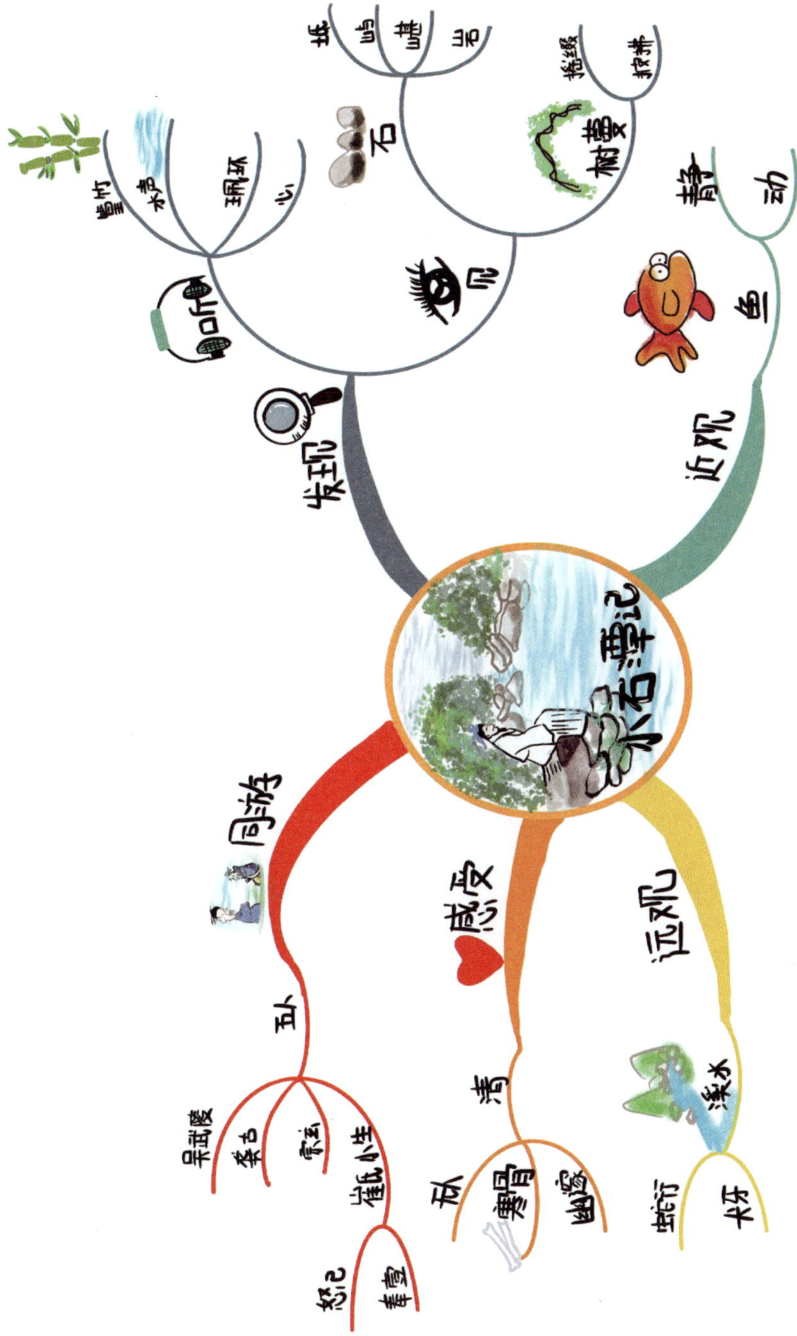

岳阳楼记

（北宋）范仲淹

庆历四年春，滕子京谪守巴陵郡。越明年，政通人和，百废具兴。乃重修岳阳楼，增其旧制，刻唐贤今人诗赋于其上。属予作文以记之。

予观夫巴陵胜状，在洞庭一湖。衔远山，吞长江，浩浩汤汤，横无际涯；朝晖夕阴，气象万千。此则岳阳楼之大观也，前人之述备矣。然则北通巫峡，南极潇湘，迁客骚人，多会于此，览物之情，得无异乎？

若夫淫雨霏霏，连月不开，阴风怒号，浊浪排空；日星隐曜，山岳潜形；商旅不行，樯倾楫摧；薄暮冥冥，虎啸猿啼。登斯楼也，则有去国怀乡，忧谗畏讥，满目萧然，感极而悲者矣。

至若春和景明，波澜不惊，上下天光，一碧万顷；沙鸥翔集，锦鳞游泳；岸芷汀兰，郁郁青青。而或长烟一空，皓月千里，浮光跃金，静影沉璧，渔歌互答，此乐何极！登斯楼也，则有心旷神怡，宠辱偕忘，把酒临风，其喜洋洋者矣。

嗟夫！予尝求古仁人之心，或异二者之为，何哉？不以物喜，不以己悲；居庙堂之高则忧其民；处江湖之远则忧其君。是进亦忧，退亦忧。然则何时而乐耶？其必曰“先天下之忧而忧，后天下之乐而乐”乎。噫！微斯人，吾谁与归？

时六年九月十五日。

庆历四年的春天，滕子京被降职到巴陵郡做太守。到了第二年，政事顺利，百姓和乐，各种荒废的事业都兴办起来了。于是重新修建岳阳楼，扩大它原有的规模，把唐代名家和当代人的诗赋刻在它上面。太守嘱托我写一篇文章来记述这件事情。

我看那巴陵郡的美好景色，全在洞庭湖上。它连接着远处的山，吞吐长江的水流，浩浩荡荡，无边无际，一天里阴晴多变，气象千变万化。这就是岳阳楼的雄伟景象。前人的记述已经很详尽了。虽然如此，那么向北面通到巫峡，向南面直到潇水和湘水，降职的官吏和来往的诗人，大多在这里聚会，他们观赏自然景物而触发的感情大概会有所不同吧？

像那阴雨连绵，接连几个月不放晴的时候，寒风怒吼，浑浊的浪冲向天空；太阳和星星隐藏起光辉，山岳隐没了形体；商人和旅客不能通行，船桅倒下，船桨折断；傍晚天色昏暗，虎在长啸，猿在悲啼。这时登上这座楼啊，就会有一种离开国都、怀念家乡，担心人家说坏话、惧怕人家批评指责，满眼都是萧条的景象，感慨到了极点而悲伤的心情。

到了春风和煦，阳光明媚的时候，湖面平静，没有惊涛骇浪，天色湖光相连，一片碧绿，广阔无际；沙洲上的鸥鸟，时而飞翔，时而停歇，美丽的鱼游来游去，岸上的香草和小洲上的兰花，草木茂盛，青翠欲滴。有时大片烟雾完全消散，皎洁的月光一泻千里，波动的光闪着金色，静静的月影像沉入水中的玉璧，渔夫的歌声你唱我和地响起来，这种乐趣真是无穷无尽啊！这时登上这座楼，就会感到心胸开阔、心情愉快，光荣和屈辱一并忘了，端着酒杯，吹着微风，那真是快乐高兴极了。

唉！我曾经探求古时品德高尚的人的思想感情 ，或许不同于以上两种人的心情，这是为什么呢？是由于不因外物好坏和自己得失而或喜或悲。在朝廷上做官时，就为百姓担忧；在江湖上不做官时，就为国君担忧。这样来说在朝廷做官也担忧，在僻远的江湖也担忧。既然这样，那么他们什么时候才会感到快乐呢？他们一定会说“在天下人忧之前先忧，在天下人乐之后才乐”啊。唉！没有这种人，我同谁一道呢？

写于庆历六年九月十五日。

思维导图

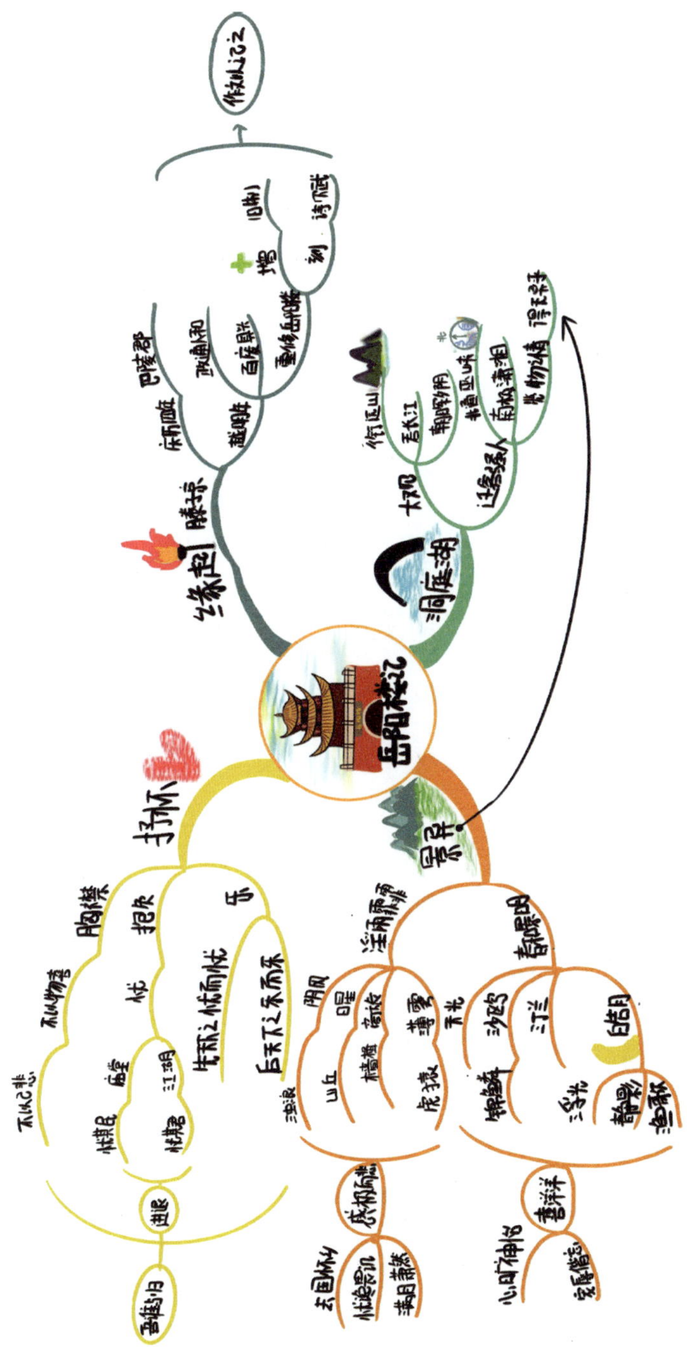

醉翁亭记

（北宋）欧阳修

环滁皆山也。其西南诸峰，林壑尤美，望之蔚然而深秀者，琅琊也。山行六七里，渐闻水声潺潺而泻出于两峰之间者，酿泉也。峰回路转，有亭翼然临于泉上者，醉翁亭也。作亭者谁？山之僧智仙也。名之者谁？太守自谓也。太守与客来饮于此，饮少辄醉，而年又最高，故自号曰醉翁也。醉翁之意不在酒，在乎山水之间也。山水之乐，得之心而寓之酒也。

若夫日出而林霏开，云归而岩穴暝，晦明变化者，山间之朝暮也。野芳发而幽香，佳木秀而繁阴，风霜高洁，水落而石出者，山间之四时也。朝而往，暮而归，四时之景不同，而乐亦无穷也。

至于负者歌于途，行者休于树，前者呼，后者应，伛偻提携，往来而不绝者，滁人游也。临溪而渔，溪深而鱼肥。酿泉为酒，泉香而酒洌；山肴野蔌，杂然而前陈者，太守宴也。宴酣之乐，非丝非竹，射者中，弈者胜，觥筹交错，起坐而喧哗者，众宾欢也。苍颜白发，颓然乎其间者，太守醉也。

已而夕阳在山，人影散乱，太守归而宾客从也。树林阴翳，鸣声上下，游人去而禽鸟乐也。然而禽鸟知山林之乐，而不知人之乐；人知从太守游而乐，而不知太守之乐其乐也。醉能同其乐，醒能述以文者，太守也。太守谓谁？庐陵欧阳修也。

译文

环绕滁州的都是山。那西南的几座山峰，树林和山谷尤其优美。一眼望去树木茂盛，又幽深又秀丽的，那是琅琊山。沿着山路走六七里，渐渐听到潺潺的水声，看到流水从两座山峰之间倾泻而出的，那是酿泉。泉水沿着山峰折绕，沿着山路拐弯，有一座亭子像飞鸟展翅似的，飞架在泉上，那就是醉翁亭。建造这亭子的是谁呢？是山上的和尚智仙。给它取名的又是谁呢？太守用自己的别号（醉翁）来命名。太守和他的宾客们来这儿饮酒，只喝一点儿就醉了；而且年纪又最大，所以自号“醉翁”。醉翁的情趣不在于喝酒，而在欣赏山水的美景。欣赏山水美景的乐趣，领会在心里，寄托在酒上。

像那太阳升起的时候，山林里的雾气散了；烟云聚拢来，山谷就显得昏暗了；朝则自暗而明，暮则自明而暗，或暗或明，变化不一，这就是山中的朝暮。野花开了，有一股清幽的香味；好的树木枝繁叶茂，形成一片浓密的绿荫；风高霜洁，天高气爽，水落石出，这就是山中的四季。清晨前往，黄昏归来，四季的风光不同，乐趣也是无穷无尽的。

至于背着东西的人在路上欢唱，来去行路的人在树下休息，前面的招呼，后面的答应；老人弯着腰走，小孩子由大人领着走，来来往往不断的行人，是滁州的游客。到溪边钓鱼，溪水深并且鱼肉肥美；用酿泉造酒，泉水清并且酒也清；野味野菜，横七竖八地摆在面前的，那是太守主办的宴席。宴会喝酒的乐趣，不在于音乐；投射的中了，下棋的赢了，酒杯和酒筹交互错杂；时起时坐大声喧闹的人，是欢乐的宾客们。一个脸色苍老的老人，醉醺醺地坐在众人中间，是太守喝醉了。

不久，太阳下山了，人影散乱，宾客们跟随太守回去了。树林里的枝叶茂密成林，鸟儿到处叫，是游人离开后鸟儿在欢乐地跳跃。但是鸟儿只知道山林中的快乐，却不知道人们的快乐。而人们只知道跟随太守游玩的快乐，却不知道太守以游人的快乐为快乐啊。醉了能够和大家一起欢乐，醒来能够用文章记述这乐事的人，那就是太守啊。太守是谁呢？是庐陵欧阳修。

思维导图

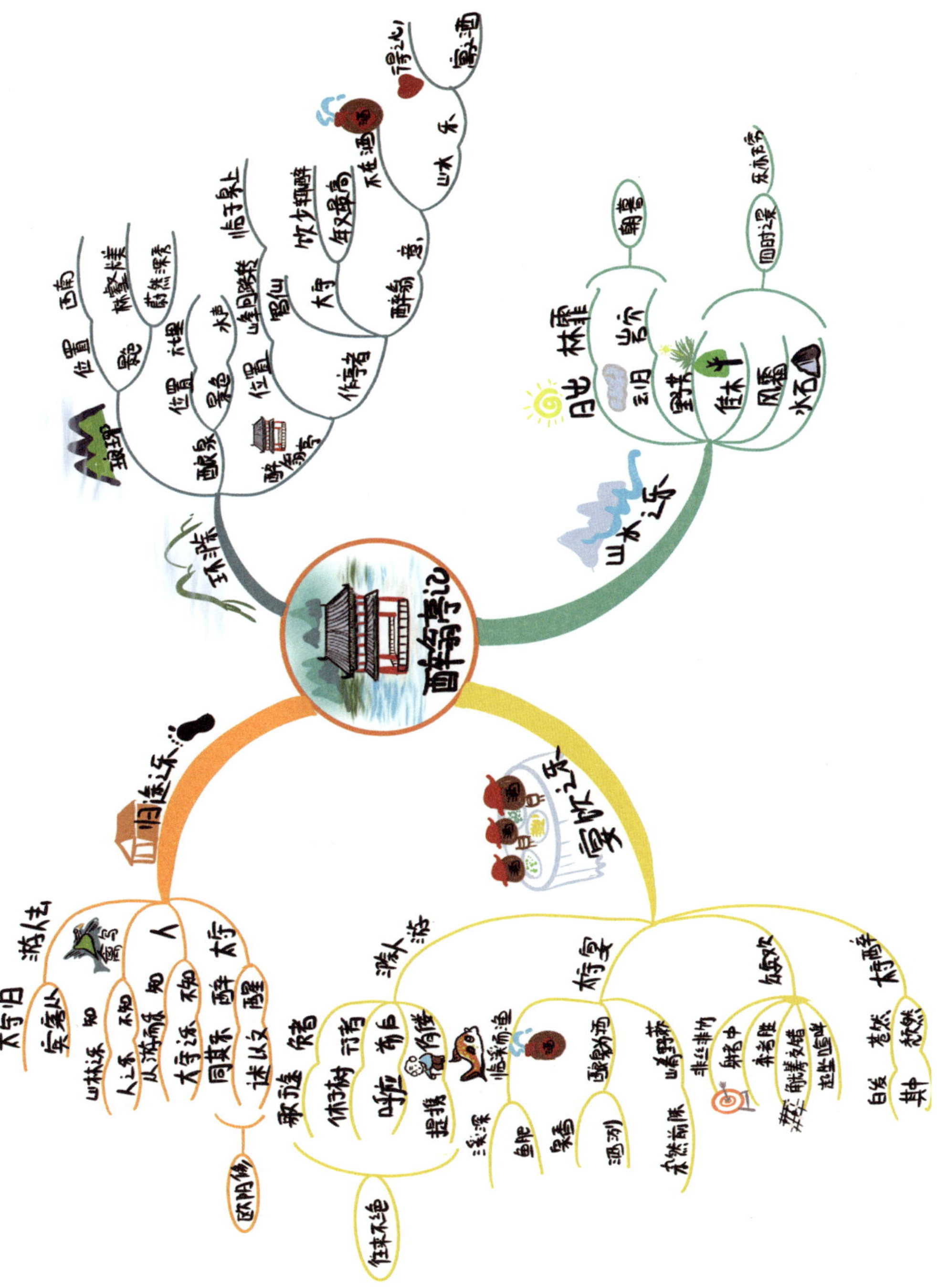

爱莲说

（北宋）周敦颐

水陆草木之花，可爱者甚蕃。晋陶渊明独爱菊。自李唐来，世人甚爱牡丹。予独爱莲之出淤泥而不染，濯清涟而不妖，中通外直，不蔓不枝，香远益清，亭亭净植，可远观而不可亵玩焉。

予谓菊，花之隐逸者也；牡丹，花之富贵者也；莲，花之君子者也。噫！菊之爱，陶后鲜有闻。莲之爱，同予者何人？牡丹之爱，宜乎众矣！

水中、陆地上各种草木的花，值得喜爱的非常多。晋代的陶渊明唯独喜爱菊花。从李氏唐朝以来，世人大多喜爱牡丹。我唯独喜爱莲花从淤泥中长出却不被污染，经过清水的洗涤却不显得妖艳。它的茎中间贯通、外形挺直，不牵牵连连也不枝枝节节，香气传播更加清香，笔直洁净地竖立在水中。人们可以远远地观赏它，而不可轻易地玩弄它啊。

我认为菊花，是花中的隐士；牡丹，是花中的富贵者；莲花，是花中品德高尚的君子。唉！对于菊花的喜爱，陶渊明以后就很少听到了。对于莲花的喜爱，像我一样的还有什么人呢？对于牡丹的喜爱，人数当然就很多了！

思维导图

爱莲说
爱
菊
陶渊明
晋
牡丹
世人
李唐
莲
爱莲者
周敦颐
北宋
环境
淤泥
不染
清涟
不妖
特点
中通外直
不蔓不枝
香远益清
亭亭净植
态度
可
远观
不可
亵玩
喻
菊
隐逸者
陶后鲜有闻
牡丹
富贵者
宜乎众矣
莲
君子者
同予者何人

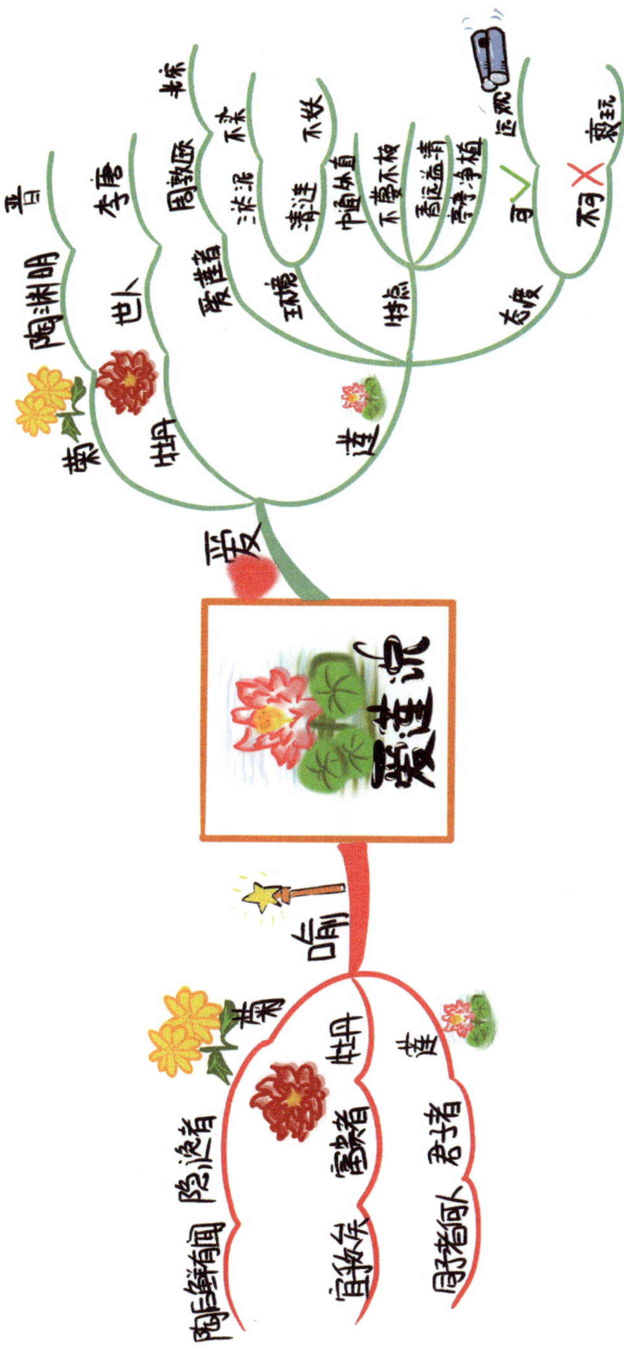

记承天寺夜游

（北宋）苏轼

元丰六年十月十二日夜，解衣欲睡，月色入户，欣然起行。念无与为乐者，遂至承天寺寻张怀民。怀民亦未寝，相与步于中庭。庭下如积水空明，水中藻、荇交横，盖竹柏影也。何夜无月？何处无竹柏？但少闲人如吾两人者耳。

元丰六年十月十二日夜晚，我脱下衣服准备睡觉时，恰好看见月光照在门上，于是我就高兴地起床出门散步。想到没有和我一起游乐的人，于是我前往承天寺寻找张怀民。怀民也没有睡，我们便一同在庭院中散步。月光照在庭院里像积满了清水一样澄澈透明，水中的水藻、荇菜纵横交错，原来是竹子和柏树的影子。哪一个夜晚没有月光？又有哪个地方没有竹子和柏树呢？只是缺少像我们两个这样清闲的人罢了。

思维导图

记承天寺夜游
事
时间
元丰六年十月十二日
地点
承天寺中庭
人物
"我"
张怀民
情
但少闲人
如吾两人
景
月亮
积水空明
松柏影
藻荇交横

送东阳马生序（节选）

（明）宋濂

余幼时即嗜学。家贫，无从致书以观，每假借于藏书之家，手自笔录，计日以还。天大寒，砚冰坚，手指不可屈伸，弗之怠。录毕，走送之，不敢稍逾约。以是人多以书假余，余因得遍观群书。既加冠，益慕圣贤之道，又患无硕师名人与游，尝趋百里外，从乡之先达执经叩问。先达德隆望尊，门人弟子填其室，未尝稍降辞色。余立侍左右，援疑质理，俯身倾耳以请；或遇其叱咄，色愈恭，礼愈至，不敢出一言以复；俟其欣悦，则又请焉。故余虽愚，卒获有所闻。

当余之从师也，负箧曳屣行深山巨谷中，穷冬烈风，大雪深数尺，足肤皲裂而不知。至舍，四支僵劲不能动，媵人持汤沃灌，以衾拥覆，久而乃和。寓逆旅，主人日再食，无鲜肥滋味之享。同舍生皆被绮绣，戴朱缨宝饰之帽，腰白玉之环，左佩刀，右备容臭，烨然若神人；余则缊袍敝衣处其间，略无慕艳意。以中有足乐者，不知口体之奉不若人也。盖余之勤且艰若此。今虽耄老，未有所成，犹幸预君子之列，而承天子之宠光，缀公卿之后，日侍坐备顾问，四海亦谬称其氏名，况才之过于余者乎？

译文

我小的时候就特别喜欢读书。由于家里很穷，没有办法弄到书看，常常向那些藏书人家借书来读，亲手将书中的重要段落抄下来，并按时还给人家。有时遇到天气太冷，砚池中的墨水都冻结成坚冰，手指伸缩都很困难，我仍然不停地抄写。抄录完后，快跑着把书还给人家，一点也不敢超过约定的还书期限。因此，人家都很愿意把书借给我，我也因此通览了很多书。到我成年以后，更加羡慕古圣先贤们的治世之道，又苦于没有才学渊博的老师和名人同我交往指点，曾经跑到远离家乡百里之外，携带经书向乡里前辈们问难请教，先辈们德高望重，投奔来的晚辈和弟子们挤满屋子，他不曾稍微缓和一下言辞和脸色。我毕恭毕敬地陪立大师身旁，提出早准备好的疑难，探究义理，弯着身子侧着耳朵来请教，有时遭到老师训斥，我的表情越加恭敬，礼节更加周到，不敢说一句话来答复；等到老师和颜悦色后，我再请教。所以，我尽管愚笨，最终还是获得了很多宝贵知识。

当年我拜师学习的时候，常常背着沉重的书箱子，拖着不跟脚的鞋子，行走在深山峡谷之中。严寒的冬天刮着凛冽的北风，鹅毛大雪深达数尺，手脚都冻得裂开也不知道。到了房舍，手脚僵硬麻木得甚至不能舒展，伙计为我端来热水冲洗，再用厚厚的被子裹盖，很长时间后才感到暖和。住在旅店，主人每天管我两餐饮食，从未尝过鲜鱼美肉的滋味。同住一舍的书生们都穿着绫罗绸缎，头戴镶有珠宝的帽子，腰间系着配有白玉的佩环，左边佩戴刀饰，右边携带香囊，光彩照人宛若天上神仙；我却穿着粗麻的衣袍夹在中间，丝毫没有羡慕豪华穿戴之意。因为心中有足以让我快乐的事，从不感到吃穿的享受不如别人，大概我的勤奋艰苦就像这样。现在虽然步入老年，没有取得什么成绩，侥幸有机会参与到有道德有才华人的行列，承受着皇帝的宠幸，跟随着王公大臣们的身后，待在皇帝身边随时贡献我的治国之道让皇帝参考。那些自称有才的人，他们的才干真的超过我了吗？

思维导图

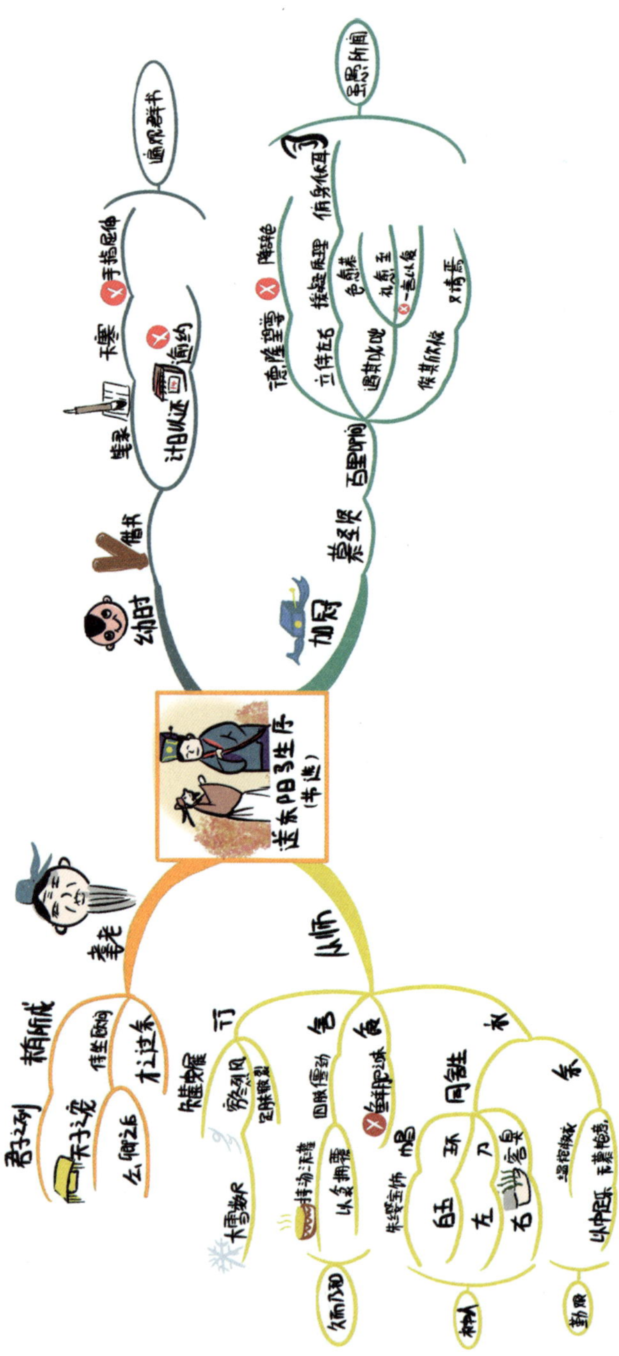

湖心亭看雪

（明）张岱

崇祯五年十二月，余住西湖。大雪三日，湖中人鸟声俱绝。是日更定，余拿一小船，拥毳衣炉火，独往湖心亭看雪。雾凇沆砀，天与云与山与水，上下一白。湖上影子，惟长堤一痕、湖心亭一点与余舟一芥、舟中人两三粒而已。

到亭上，有两人铺毡对坐，一童子烧酒炉正沸。见余，大喜曰："湖中焉得更有此人！"拉余同饮。余强饮三大白而别。问其姓氏，是金陵人，客此。及下船，舟子喃喃曰："莫说相公痴，更有痴似相公者！"

崇祯五年十二月，我居住在西湖。接连下了三天的大雪，湖中行人、飞鸟的声音全都消失了。这一天初更以后，我乘着一只小船，穿着毛皮衣，带着火炉，独自前往湖心亭欣赏雪景。西湖雪夜雾气弥漫，天与云与山与水，浑然一体，白茫茫一片。湖上能清晰见到的影子，只有淡淡的一道长堤的痕迹、一点湖心亭的轮廓和我的一叶小舟、船上两三个人罢了。

到了湖心亭上，有两个人铺着毡席，相对而坐，一个小书童正在烧酒，酒炉中的酒正在沸腾。那两个人看见我，十分惊喜地说："想不到在湖中还能遇见你这样有闲情雅致的人。"便拉着我一同喝酒。我痛饮了三大杯就告别。问他们的姓氏，得知他们是金陵人，在此地客居。等到下船的时候，船夫喃喃自语地说："不要说相公您痴迷，还有比您更痴迷的人啊！"

思维导图

湖心亭看雪
景
崇祯五年
十二月
大雪三日
西湖
人鸟声
俱绝
拏
小舟
拥
毳衣炉火
白
雾凇
天云山水
影
长堤
痕
湖心亭
点
芥
舟
粒
人
痴
到亭
客
两人
对坐
童子
烧酒
余
同饮
强饮
离别
余
问姓氏
下船
舟子
更有痴似相公者

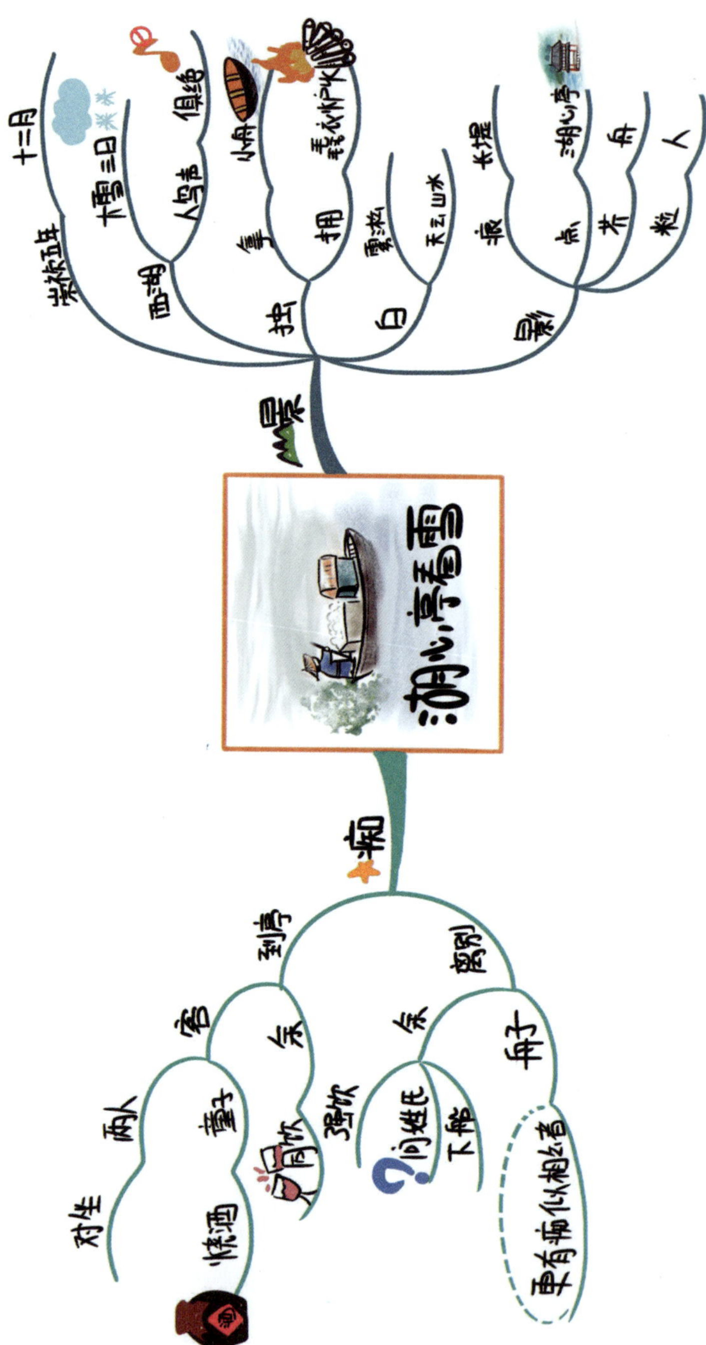

河中石兽

（清）纪昀

沧州南一寺临河干，山门圮于河，二石兽并沉焉。阅十余岁，僧募金重修，求二石兽于水中，竟不可得，以为顺流下矣。棹数小舟，曳铁钯，寻十余里无迹。

一讲学家设帐寺中，闻之笑曰："尔辈不能究物理。是非木柿，岂能为暴涨携之去？乃石性坚重，沙性松浮，湮于沙上，渐沉渐深耳。沿河求之，不亦颠乎？"众服为确论。

一老河兵闻之，又笑曰："凡河中失石，当求之于上流。盖石性坚重，沙性松浮，水不能冲石，其反激之力，必于石下迎水处啮沙为坎穴，渐激渐深，至石之半，石必倒掷坎穴中。如是再啮，石又再转。转转不已，遂反溯流逆上矣。求之下流，固颠；求之地中，不更颠乎？"如其言，果得于数里外。

然则天下之事，但知其一，不知其二者多矣，可据理臆断欤？

沧州的南面有一座寺庙靠近河岸，庙门倒塌在了河里，两只石兽一起沉没于此。经过十多年，僧人们募集金钱重修寺庙，便在河中寻找石兽，最后没有找到。僧人们认为石兽顺着水流流到下游了。于是划着几只小船，拖着铁钯，向下游寻找了十多里仍没有找到石兽的踪迹。

一位讲学家在寺庙中教书，听说了这件事笑着说："你们这些人不能推究事物的道理。这石兽不是木片，怎么能被暴涨的洪水带走呢？石头的性质坚硬沉重，泥沙的性质松软浮动，石兽埋没在沙上，越沉越深罢了。顺着河流寻找石兽，不是显得疯狂了吗？”大家信服地认为这话是精当确切的言论。

一位老河兵听说了讲学家的观点，又笑着说：“凡是落入河中的石头，都应当在河的上游寻找它。正因为石头的性质坚硬沉重，沙的性质松软轻浮，水流不能冲走石头，水流反冲的力量，一定在石头下面迎水的地方侵蚀沙子形成坑洞。越激越深，当坑洞延伸到石头底部的一半时，石头必定倾倒在坑洞中。像这样再冲刷，石头又会再次转动。像这样不停地转动，于是石头反而逆流朝相反方向到上游去了。到河的下游寻找石兽，本来就显得很疯狂；在石兽沉没的地方寻找它们，不是显得更疯狂了吗？”结果依照他的话去寻找，果然在上游的几里外寻到了石兽。

既然这样，那么天下的事，只知道表面现象，不知道根本道理的情况有很多，难道可以根据某个道理就主观判断吗？

思维导图

河中石兽
起因
寺山门
圮于河
地点
沧州南
经过
僧
修庙
阅十余岁
寻石迹
水中
不可得
顺流下
寻十余里
讲学家
岂非木杮
石性坚重
沙性松浮
湮于沙上
渐沉渐深
老河兵
求之于上
反激之力
啮沙为坎穴
至石之半
必倒掷坎穴
如是再啮
石又再转
反溯流逆上
颠
求之下流
求之地中
结果
得于数里外
天下之事
据理臆断

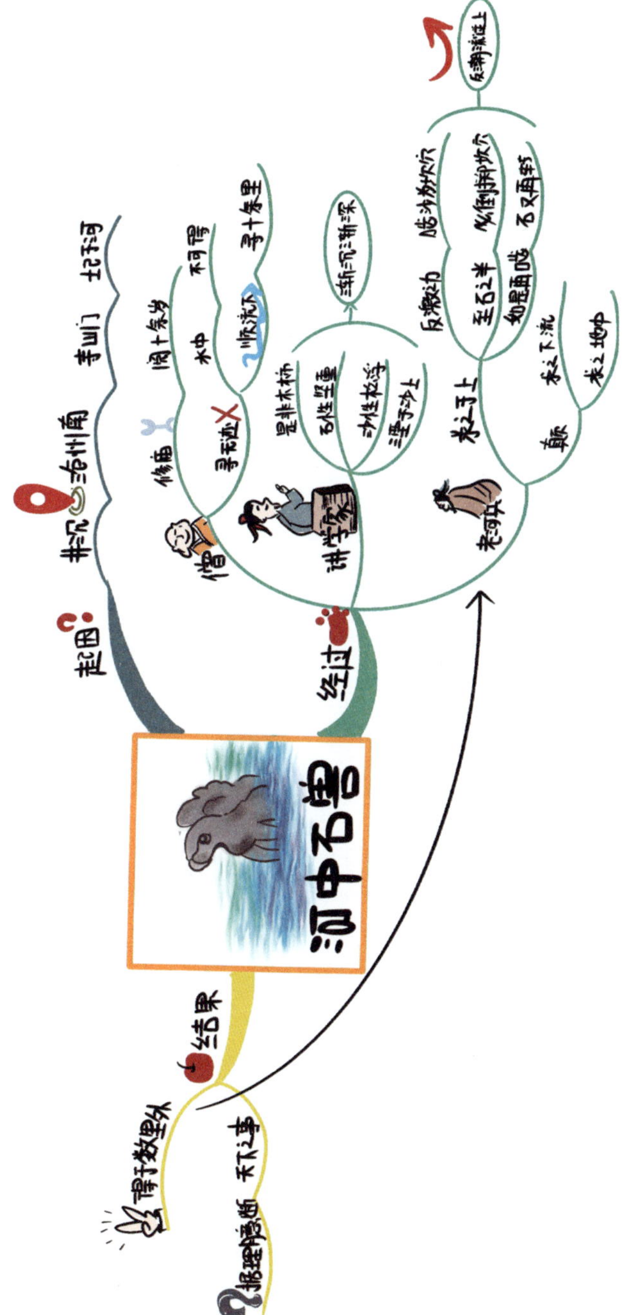

卜算子·送鲍浩然之浙东

（北宋）王观

水是眼波横，山是眉峰聚。欲问行人去那边？眉眼盈盈处。

才始送春归，又送君归去。若到江南赶上春，千万和春住。

水像美人流动的眼波，山如美人蹙起的眉毛。想问行人去哪里？到山水交汇的地方。

刚刚把春天送走，又要送你归去。如果你到江南能赶上春天，千万要把春天的景色留住。

思维导图

采薇（节选）

（先秦）佚名

昔我往矣，杨柳依依。
今我来思，雨雪霏霏。
行道迟迟，载渴载饥。
我心伤悲，莫知我哀！

回想当初我离开的时候，连杨柳都与我依依惜别。
如今回来路途中，却纷纷扬扬下起了大雪。
路途曲折漫长难行走，又渴又饥真劳累。
我心里不觉悲伤起来，没有人会懂得我的痛苦！

思维导图

两小儿辩日

（先秦）列御寇

孔子东游，见两小儿辩斗，问其故。

一儿曰："我以日始出时去人近，而日中时远也。"

一儿以日初出远，而日中时近也。

一儿曰："日初出大如车盖，及日中则如盘盂，此不为远者小而近者大乎？"

一儿曰："日初出沧沧凉凉，及其日中如探汤，此不为近者热而远者凉乎？"

孔子不能决也。

两小儿笑曰："孰为汝多知乎？"

译文

孔子向东游历，见到两个小孩在争辩，就问他们在争辩的原因。

一个小孩子说："我认为太阳刚刚升起的时候距离人近，而正午的时候距离人远。"

另一个小孩子认为太阳刚刚升起的时候距离人比较远，而正午的时候距离人比较近。

一个小孩儿说："太阳刚出时像车的车盖一样大，到了中午时就如同盘子一般小了，这不是远小近大的道理吗？"

另一个小孩儿说："太阳刚出来时凉爽，到了中午的时候热得如同把手伸进热水中，这不是近的就感觉热，而远就觉得凉的道理吗？”

孔子听了之后不能判断他们俩谁对谁错。

两个小孩子笑着对孔子说：“是谁说你智慧多呢？”

思维导图

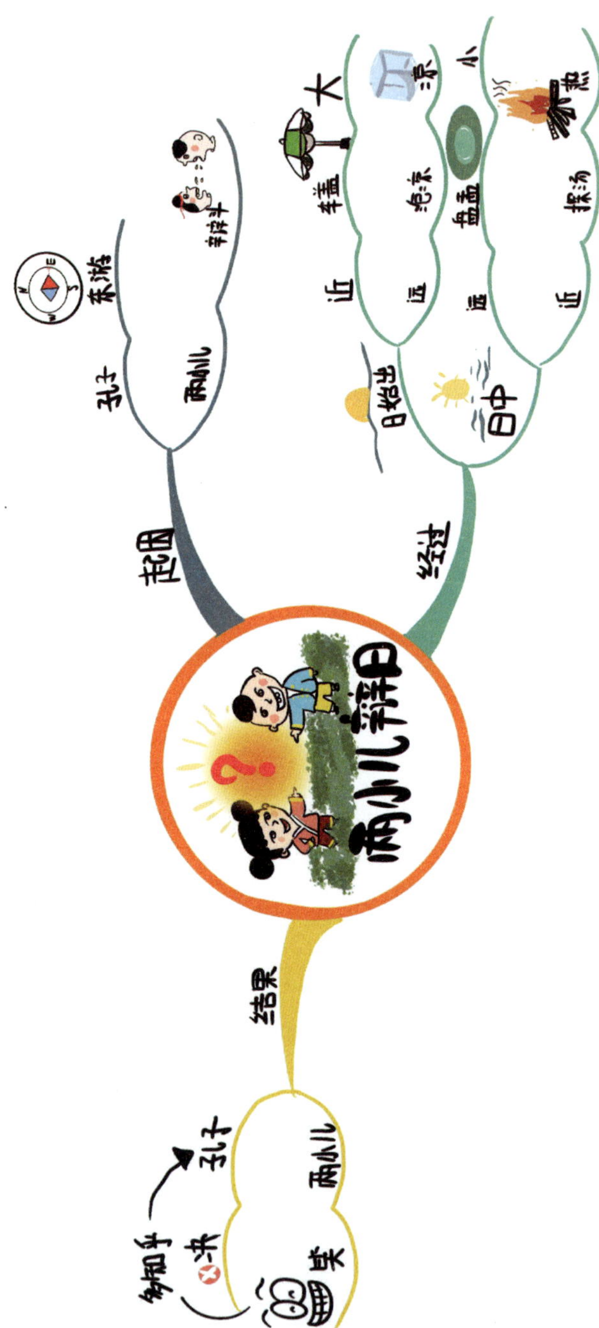

学　弈

《孟子·告子》

弈秋，通国之善弈者也。使弈秋诲二人弈，其一人专心致志，惟弈秋之为听；一人虽听之，一心以为有鸿鹄将至，思援弓缴而射之。虽与之俱学，弗若之矣。为是其智弗若与？曰：非然也。

弈秋是全国最擅长下棋的人。让弈秋教导两个人下棋，其中一人专心致志地学习，只听弈秋的教导；另一个人虽然也在听弈秋的教导，却一心以为有大雁要飞来，想要拉弓箭将它射下来。虽然他们二人一起学习下棋，但后者的棋艺不如前者好。难道是因为他的智力比别人差吗？说：不是这样的。

思维导图

闻官军收河南河北

（唐）杜甫

剑外忽传收蓟北，初闻涕泪满衣裳。
却看妻子愁何在，漫卷诗书喜欲狂。
白日放歌须纵酒，青春作伴好还乡。
即从巴峡穿巫峡，便下襄阳向洛阳。

译文

剑外忽然传来收复蓟北的消息，刚刚听到时涕泪满衣裳。

回头看妻子和孩子哪还有一点的忧伤，胡乱地卷起诗书欣喜若狂。

日头照耀放声高歌痛饮美酒，趁着明媚春光与妻儿一同返回家乡。

就从巴峡再穿过巫峡，经过了襄阳后又直奔洛阳。

思维导图

闻官军收河南河北
悲喜交加
传
蓟北
涕
衣裳
欣喜若狂
妻子
愁何在
诗书
喜欲狂
放歌
纵酒
作伴
还乡
归心似箭
穿
巴峡
巫峡
向
襄阳
洛阳

游园不值

（南宋）叶绍翁

应怜屐齿印苍苔，小扣柴扉久不开。
春色满园关不住，一枝红杏出墙来。

也许是园主担心我的木屐踩坏他爱惜的青苔，我轻轻地敲打柴门久久不开。

满园子的春色是关不住的，开得正旺的红杏有一枝枝条伸到墙外来了。

思维导图

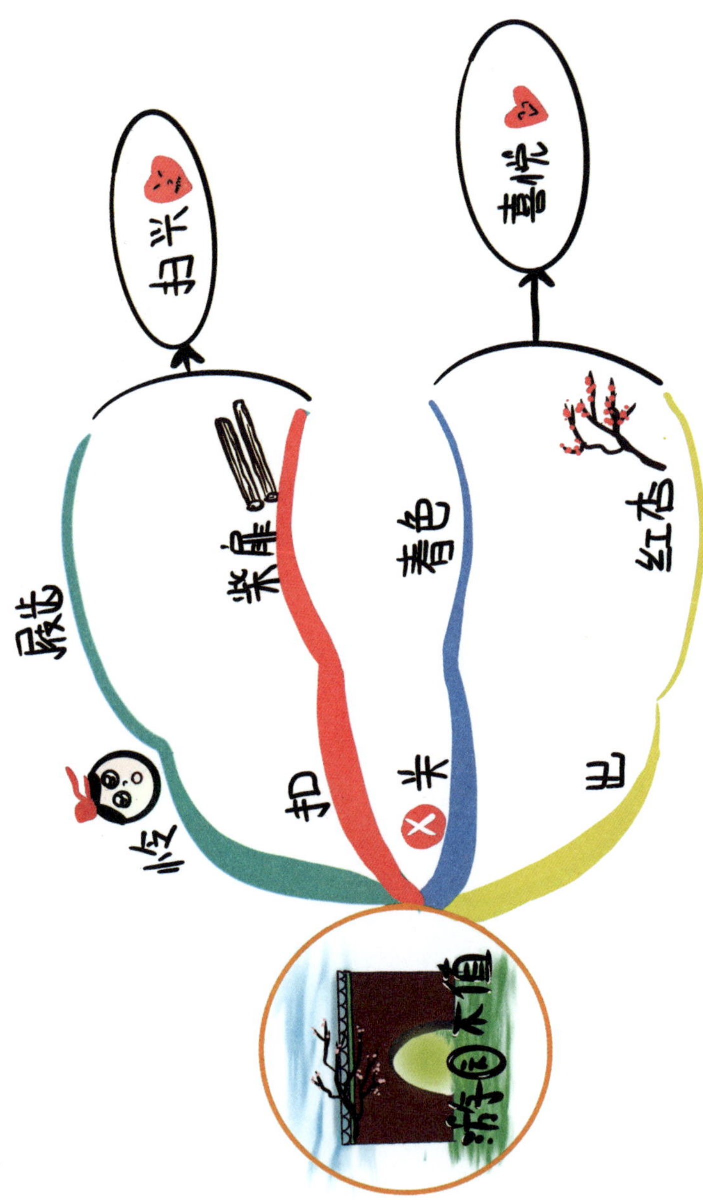

长歌行

《汉乐府》

青青园中葵，朝露待日晞。

阳春布德泽，万物生光辉。

常恐秋节至，焜黄华叶衰。

百川东到海，何时复西归？

少壮不努力，老大徒伤悲。

译文

早晨，园中有碧绿的葵菜，晶莹的朝露等待在阳光下晒干。

春天把幸福的希望洒满了大地，所有生物因此都呈现出一派繁荣生机。

常常担心肃杀的秋天来到，花和叶都变黄衰败了。

千万条大河奔腾着向东流入大海，什么时候才能再向西流回来？

如果年轻力壮的时候不知道发愤图强，到了老年头发花白，一事无成，悲伤也没用了。

思维导图

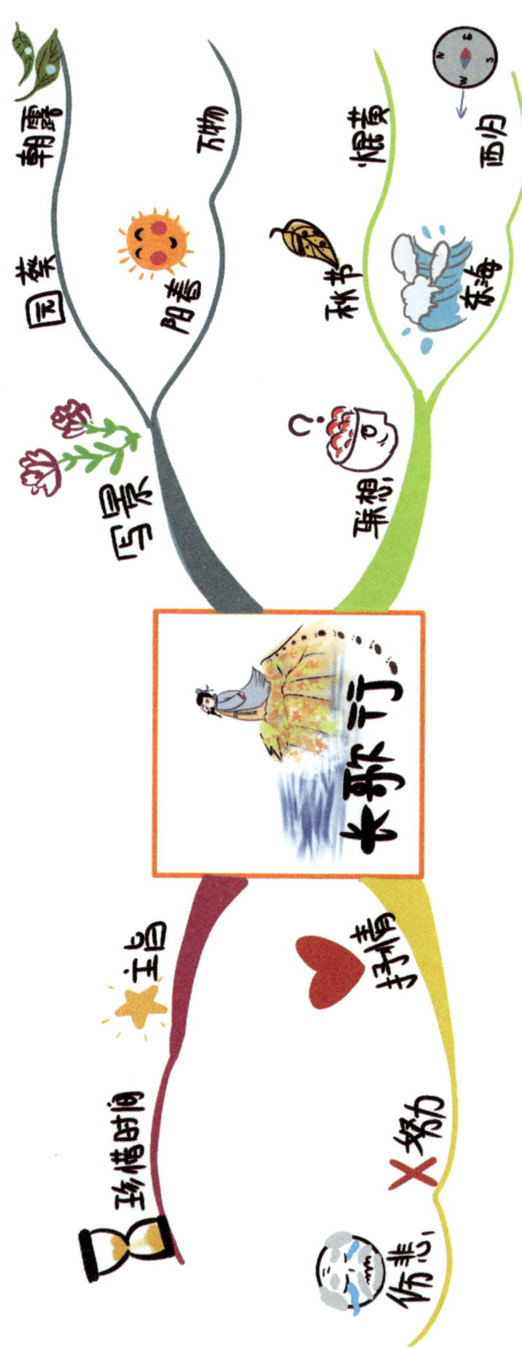

浣溪沙·游蕲水清泉寺

（北宋）苏轼

游蕲水清泉寺，寺临兰溪，溪水西流。

山下兰芽短浸溪，松间沙路净无泥。萧萧暮雨子规啼。

谁道人生无再少？门前流水尚能西！休将白发唱黄鸡。

游玩蕲水的清泉寺，寺庙在兰溪的旁边，溪水向西流淌。

山脚下兰草新抽的幼芽浸润在溪水中，松林间的沙路被雨水冲洗得一尘不染，傍晚时分，细雨萧萧，布谷声声。

谁说人生就不能再回到少年时期？门前的溪水还能向西边流淌！不要在老年感叹时光的飞逝啊！

思维导图

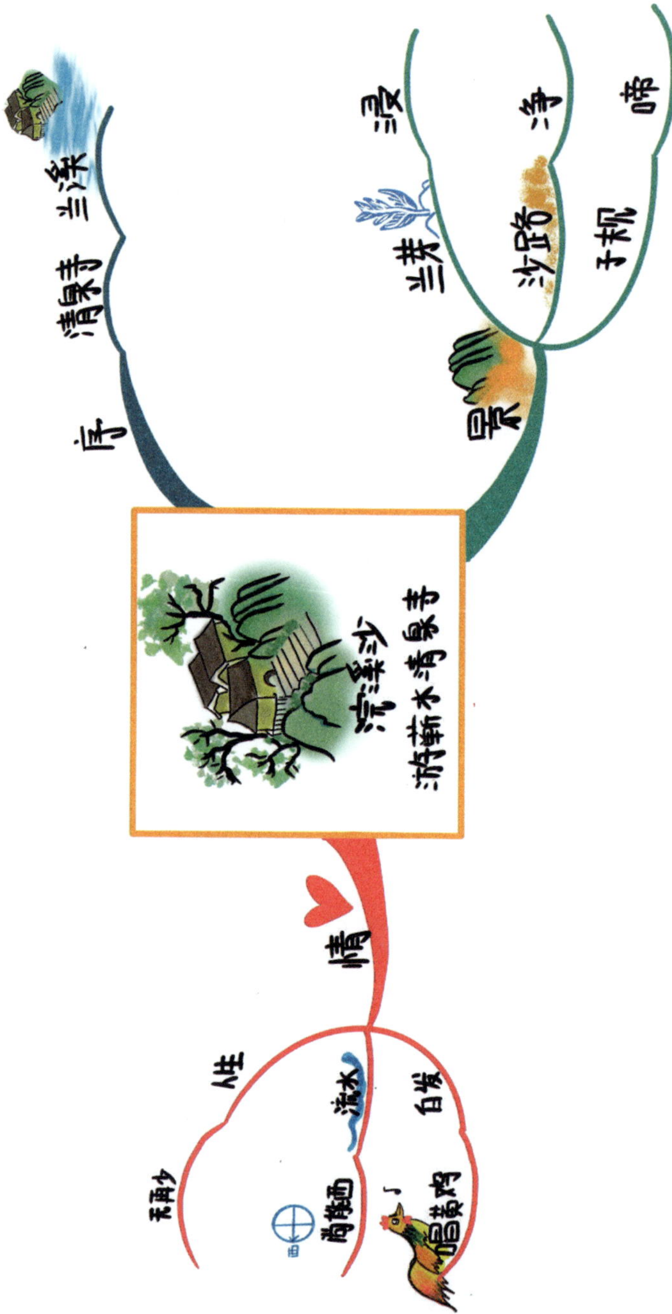

迢迢牵牛星

（汉）佚名

迢迢牵牛星，皎皎河汉女。

纤纤擢素手，札札弄机杼。

终日不成章，泣涕零如雨。

河汉清且浅，相去复几许！

盈盈一水间，脉脉不得语。

看那天边遥远的牵牛星，明亮的织女星。

织女伸出细长而白皙的手，正摆弄着织机织布，发出札札的织布声。

她因思念牛郎无心织布，所以一整天也没织成一段布，泪珠像下雨一样落下来。

银河又清又浅，相隔又有多远呢？

虽只隔一条清澈的河水，但他们只能含情凝视而不能用话语交谈。

思维导图

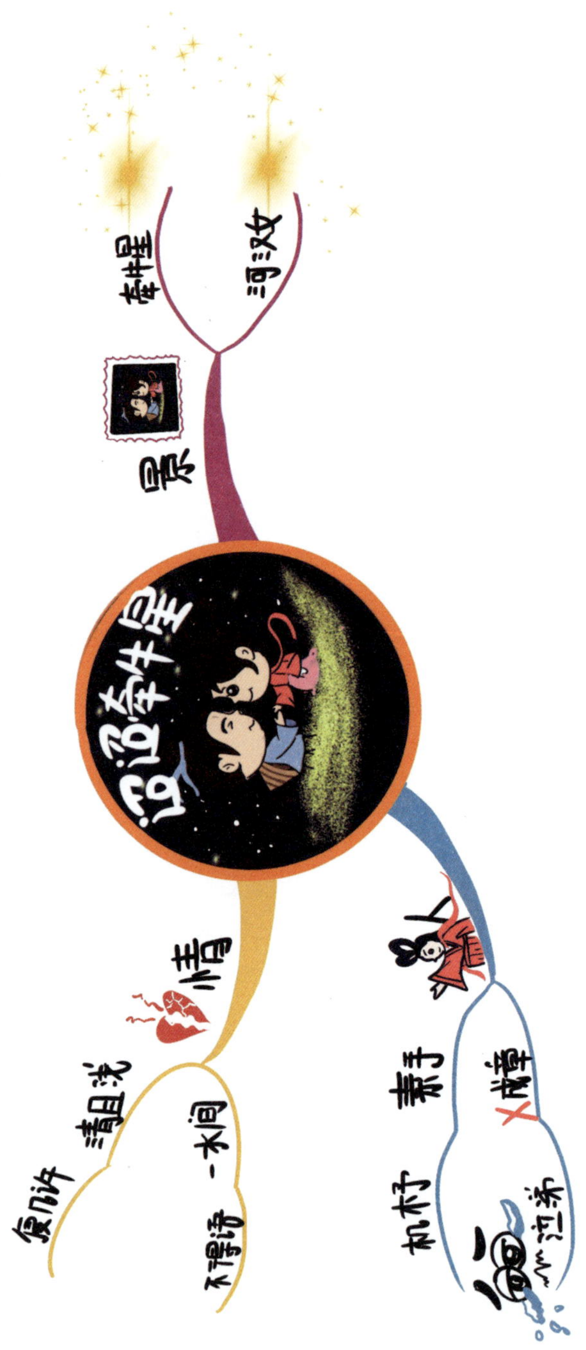

四时田园杂兴（其三十一）

（南宋）范成大

昼出耘田夜绩麻，村庄儿女各当家。

童孙未解供耕织，也傍桑阴学种瓜。

白天去田里锄草，夜晚在家中搓麻线，村中男男女女各有各的家务劳动。

小孩子虽然不会耕田织布，也在那桑树荫下学着种瓜。

思维导图

村　晚

（南宋）雷震

草满池塘水满陂，山衔落日浸寒漪。

牧童归去横牛背，短笛无腔信口吹。

绿草长满了池塘，池塘里的水呢，几乎溢出了塘岸。远远的青山，衔着红彤彤的落日，一起把影子倒映在水中，闪动着粼粼波光。

那小牧童横骑在牛背上，缓缓地把家还；拿着一支短笛，随口吹着，也没有固定的声腔。

思维导图

秋夜将晓出篱门迎凉有感

（南宋）陆游

三万里河东入海，五千仞岳上摩天。

遗民泪尽胡尘里，南望王师又一年。

三万里长的黄河奔腾向东流入大海，五千仞高的华山耸入云霄触青天。

中原人民在胡人压迫下眼泪已流尽，他们盼望王师北伐盼了一年又一年。

思维导图

从军行

（唐）王昌龄

青海长云暗雪山，孤城遥望玉门关。

黄沙百战穿金甲，不破楼兰终不还。

青海上空的阴云遮暗了雪山，站在孤城遥望着远方的玉门关。

塞外身经百战磨穿了盔和甲，不打败西部的敌人誓不回还。

思维导图

泊船瓜洲

（北宋）王安石

京口瓜洲一水间，钟山只隔数重山。

春风又绿江南岸，明月何时照我还。

京口和瓜洲之间只隔着一条长江，钟山就隐没在几座山峦的后面。

和煦的春风又吹绿了大江南岸，明月什么时候才能照着我回到钟山下的家里。

思维导图